行動科学のための
データ解析
情報把握に適した方法の利用

西里 静彦 著

培風館

日本の姉迪子，兄恒彦，弟明彦，
カナダの Lorraine, Ira, Samantha, Lincoln に捧ぐ

本書の無断複写は，著作権法上での例外を除き，禁じられています。
本書を複写される場合は，その都度当社の許諾を得てください。

序　文

　本書は記述統計学の初歩の知識を前提に書かれている。文部科学省の「魅力ある大学院教育」イニシアティヴで採択された「理工系分野に貢献する心理科学教育」（関西学院大学大学院文学研究科総合心理科学専攻八木昭宏教授代表）の一環として企画されたプロジェクトに筆者も客員教授として参加し、そのときの講義内容をもとに二冊の本を書くことが決まった。その第一の書『データ解析への洞察：数量化の存在理由』（関西学院大学出版会，2007）では数量化の必要性を記した。社会科学で集められるデータには従来の統計学がそのまま応用できないものが多数ある。たとえば正規分布を仮定できない，連続変量とはいえないようなデータがある。それらの解析には，データに含まれた情報を活用する「数量化」が必要となり，それを上の小冊子は初歩的に解説している。「社会科学におけるデータ解析の落とし穴」という問題の対処法としての数量化は社会科学の多くのデータ解析に重要な役割を持つ。本書は，この小冊子で書けなかったことについて，具体的に丁寧に解説したもので，書名のサブタイトル「情報把握に適した方法の利用」は解析法の選択の重要性を強調するものである。

　数量化といえば日本は世界の先端をいく領域で，これは「林の数量化理論」に負うところが大きい。故林知己夫先生のこの方面への貢献は計り知れず，影響は一生をささげた統計数理研究所の中に限らず，日本各地から多くの国際的な研究者の輩出を導き，日本が世界の数量化理論の最先端を開発してきたことに通ずる。日本では国際化ということが長年叫ばれてきたが，日本の数量化こそまさに国際化で始まったといってよい。

　林知己夫氏の影響は筆者も大きく受けた。彼の数量化理論には1957年ころ北海道大学の学生時代に故梅岡義貴先生，故戸田正直先生，高田洋一郎先生から薦められて文献に目を通した。さらに1960年には林先生に直接お目にかかる光栄を得た。しかし実際に「林の数量化理論」を理解したのは1961-1965年

ノースカロライナ大学のサーストン計量心理学研究所に留学していた頃である。当時そこに日本の科学警察研究所から来ていた北海道大学の先輩故大田英昭氏が研究所のセミナーで「林の数量化理論」を紹介しようとした時のことである。彼は筆者を相手に英語のリハーサルをしたが，その時，それは当時研究所にいた筆者の指導教官ボック(R. D. Bock)教授が唱える最適尺度法(optimal scaling)と同じであることを発見したのである。大田先輩にそれを告げ，彼は急遽話題を変えた。科学警察研究所にふさわしいゲーム理論，ラポポート(A. Rapoport, トロント大学名誉教授, 2007年1月に他界)の「囚人のジレンマ」の話をし，大好評を得た。後年，所長のジョーンズ(L. V. Jones)とボックは昔サーストン計量心理学研究所に日本から警官の研究者が来ていたと回想していた。

　数量化の方法は日米だけではなく，多くの国で様々な名前の下に20世紀初頭から使われてきた。その多方面での独自の発展は他には例のない特殊で興味深い歴史をたどってきた。読者の動機づけとして歴史的背景からはじめるべきであろうが，本書では方法，手続きを詳しく解説した後，その背景のまとめとして歴史を眺めたい。数量化を選んだ人生には，いろいろ思い出がある。私的なことで恐縮ではあるが，そのような思い出も数量化の歴史の足跡を示す役に立てばと考え，回想としてところどころに挿入した。昔をしのぶ感傷としてお許し願いたい。

　筆者は多くの指導者に恵まれた。北海道大学時代，ノースカロライナ大学時代の故戸田正直教授，渡米を薦めてくれた高田洋一郎教授，この先生方のほかにも心理学を教えてくれた故結城錦一，故梅岡義貴，大山正，野沢晨の諸教授，何時も面倒を見てくれた札幌医科大学の故杉山善朗教授，ノースカロライナ大学時代の恩師ボック，ジョーンズ，シューフォード(E. Shuford)，カイザー(H. F. Kaiser)の諸教授，お互いに助け合った留学仲間の故浜(堀内)治世，中原純一，中原睦美，鈴木誠道の皆様。教職についてからのマッギル大学，トロント大学時代には，多数のよき仲間，学生，多くの国の研究者(特に馬場康維，ボルフガング ガウル，ホゼ クラヴェルの諸教授)に恵まれた。本書の主要部分は南アフリカのフォード家(Clayton, Claire, Colleen, Christopher, Calvin Ford)滞在中に書かれた。この場を借りてこれまでお世話になった多くの人々に心から御礼を申し上げたい。

　情報社会の今日，参考文献を探すことは比較的容易であるが，それでも原著を見るべきであると思い多くの参考文献を挙げた。役に立てば何よりである。

序　文

　本書の出版に関しては多くの方のお世話になった。まずこの本の執筆を依頼してくださり，多くの便宜を図ってくださった関西学院大学文学部総合心理科学科の八木昭宏教授，原稿の精読と助言を下さった同学科の成田健一教授（長時間かけて多数のコメントをまとめられた），嶋崎恒雄教授，名方嘉代氏，関西学院大学学生諸子，最終的な段階で様々な問題に対処してくださった培風館の近藤妙子氏，これらの方々のご助力がなかったら本書の出版は不可能であった。ここに心から御礼を申し上げたい。もし言論，数式に誤りがあれば，さらに不謹慎な表現や不当な批判的言論があれば，これはすべて著者の責任である。ご容赦願えれば何よりである。

　　　2010 年早春　　トロントにて

西 里 静 彦

目　次

1章　データタイプとデータに則した解析法 ── 1

- **1-0** はじめに　1
- **1-1** データ　1
- **1-2** スティーヴンスの測度の分類　2
- **1-3** 測度とデータ解析法　5
- **1-4** 数量化とは？　6
- **1-5** データを無視したリッカート得点法　10
- **1-6** リッカート法に変わる数量化の考え方　24
- **1-7** 数量化のためのプログラム　25
- 演習問題 **1**　25

2章　分割表の解析 ── 27

- **2-0** はじめに　27
- **2-1** 分割表の例　27
- **2-2** 行と列の独立性と連関　28
- **2-3** 分割表のための交互平均法：データへの線形回帰　30
- **2-4** 単位と原点の選択　36
- **2-5** 多次元解析　37
- **2-6** クレッチマーの気質体型論データの解析　40
- **2-7** 計算の流れと術語に関するノート　44
- 演習問題 **2**　47

3章 多肢選択データの解析 — 49

- **3-0** はじめに　49
- **3-1** 多肢選択データ　49
- **3-2** 数量化の枠組みと計算の流れ　51
- **3-3** 血圧，偏頭痛，年齢，不安，身長と体重　54
- **3-4** 計算と術語に関するノート　65
- 演習問題 **3**　67

4章 分類データの解析 — 69

- **4-0** はじめに　69
- **4-1** 分類データの例　70
- **4-2** 36の動物の分類　71
- **4-3** 分類データの解析の問題　78
- 演習問題 **4**　78

5章 順位データの解析 — 79

- **5-0** はじめに　79
- **5-1** 順位データ　82
- **5-2** 計算の流れ　83
- **5-3** 温泉の魅力を解析する　89
- **5-4** 計算に関するノート　96
- 演習問題 **5**　97

6章 一対比較データの解析 — 99

- **6-0** はじめに　99
- **6-1** 一対比較データ　99
- **6-2** 計算の流れ　101
- **6-3** 旅先としての都市の魅力調査　102

目　次　　　　　　　　　　　　　　　　　　　　　　　　　vii

　　　6-4　クリスマスパーティの案の選択　106
　　　6-5　特殊な問題　110
　　　　　演習問題 6　110

7章　強制分類法 ———————————————— *111*

　　　7-0　はじめに　111
　　　7-1　インシデンスデータの強制分類法　111
　　　7-2　宗教教育に関する意見　121
　　　7-3　ドミナンスデータの強制分類法　123
　　　7-4　クリスマスのパーティ案の時間による好み　124
　　　7-5　強制分類法の展開　125
　　　　　演習問題 7　126

8章　全情報解析 ———————————————— *127*

　　　8-0　はじめに　127
　　　8-1　双対の関係　127
　　　8-2　行空間と列空間の隔たり　128
　　　8-3　総情報量を対象にした解析　134
　　　8-4　TIAの応用　135
　　　　　演習問題 8　138

9章　方法論の概念化と数式化 ———————————— *139*

　　　9-0　はじめに　139
　　　9-1　整合性の原理に基づく数量化　139
　　　9-2　線形回帰の原理に基づく数量化　142
　　　9-3　1元配置の分散分析に基づく数量化　143
　　　9-4　カテゴリーデータの相関　144
　　　9-5　強制分類法とクラメールの連関係数　148
　　　9-6　数量化の数学　153

10章　数量化の歴史と追想 ― 159

- **10-0** はじめに　159
- **10-1** 黎明期　159
- **10-2** さまざまな研究グループ　160
  - （1） 生態学における数量化　162
  - （2） 社会科学における数量化　163
  - （3） 統計学における数量化　164
  - （4） 林の数量化理論　166
  - （5） ノースカロライナ大学(アメリカ)の研究グループ　167
  - （6） ベンゼクリとフランス学派　168
  - （7） ライデン大学(オランダ)の研究グループ　168
  - （8） トロント大学(カナダ)の研究グループ　169
  - （9） ロッチェスター大学(アメリカ)に始まった研究グループ　170
  - （10） 対数線形解析の研究グループ　171
  - （11） 非対称行列の数量化研究グループ　171
  - （12） 岡山大学を中心とした感度解析研究のグループ　171
  - （13） 個人の貢献者　172
- **10-3** 数量化に関する本の出版　172
- **10-4** 計量心理学会の貢献　174
- **10-5** 結語　176

演習問題に対するヒント ― 179
引用文献 ― 183
参考文献 ― 199
索引 ― 203

1章

データタイプとデータに則した解析法

1-0 はじめに

　データ解析にはデータが必要である．これを出発点として行動科学で多く集めるデータタイプを概観し，それらに適した解析とは何かという統計的解析の全段階的問題を見ておきたい．これはデータ解析の出発点の問題で，特に行動科学におけるデータ解析には欠くことのできない重要なステップである．データの種類に適した解析法を探すことの重要性は誰しも同意するが，現状はどうであろうか．この章を通じて我々が扱うデータの特殊性を認識し，解析には何が必要なのかを考えよう．従来の仮説検定を目指す統計学的解析から一歩はなれ，データの特殊な性質の認識に基づく解析の探求である．

1-1 データ

　データには様々な種類がある．数学のテスト，理科のテスト，国語のテスト，歴史のテスト，英語のテストなどで多数の学生から得られる 0 点から 100 点までの得点はデータの例である．市場調査で集まるアンケートに対する回答もデータである．時にはそれが「はい」，「いいえ」で与えられ，時には「賛成」，「必ずしも同意できない」，「反対」で与えられる．心理テストの「めったにない」，「たまにある」，「ときどきある」，「いつもある」もデータの例である．アレルギーテストの反応が「＋＋」，「＋」，「？」，「－」と記録されたら，これもデータの例である．性格が「内向性」，「外向性」というのもデータである．このようにデータ解析といってもデータには数という概念が当てはまらないものもあり，どのようなデータを対象にするかによって様々な解析法が必要になることは自明である．特殊なデータを集める行動科学では多くの解析法か

1

らどれを選ぶかが重要な問題となる。

さらに追い詰めると，我々のデータには，そのまま平均値を求めたり分散，相関を計算したりということができないものが多い。つまり演算をしても意味のある数値が出ないようなデータが意外に多い。

解析法選択の問題を理解するため，演算という観点からデータの種類の分類をまず考えよう。昔の社会科学系の課程で必ずといってよいほど講義の初めに出てくるデータの分類法がデータを4種類に分類するスティーヴンス(S. S. Stevens, 1951)の測度理論である。古い分類法であるが誰にでもわかり，今でもその有効性を失わないものなので，それを見てデータに則した解析法の選択を考えたい。

1-2 スティーヴンスの測度の分類

事象，事態をとらえるのにある規則に基づいて数値を与えたものを測度という。その測度が解析の対象になるデータで，スティーヴンスは4種類の測度を提唱した。

(1) 名義測度(nominal measurement)

この場合，数は標識として用いられる。例えば野球の選手の背番号が3, 16，三つのグループにつけた1，2，3というグループ番号が名義測度の例である。これらは数量を意味するものではなく名前，標識であるに過ぎない。したがってそれらの間の足し算，引き算，掛け算，割り算などはできない。たとえ演算をしたとしても無意味な数しかでてこない。名義測度の場合，1対1の関係があれば同一，さもなければ異なるという判断のみ妥当である。

(2) 順位測度(ordinal measurement)

順位測度は1対1の関係のほかに順序関係の情報を含むような数字の使い方をしたものである。たとえばAはBより点数が高く，BはCより点数が高いというときA，B，Cに3，2，1という数字を与えるのは順位測度の例である。しかしAがBよりどれだけ高い点数を取ったかというような情報は含まれていない。したがって順位測度の場合もそれらの間で足し算，掛け算をしても意味のある数が出てこない。

(3) 間隔測度(interval measurement)

　名義測度の1対1，順位測度の1対1と大小関係を示す特徴のほかに間隔測度では単位が等しいという単位の概念が含まれる。たとえば気温を摂氏で表すのが間隔測度の一例である。ここでは，20度と23度の差は15度と18度の差と同じであるという単位の等しさが条件となっている。ただし，演算という観点からは間隔測度に一つ欠けている性質がある。原点が定義されていないことである。本書ではスティーヴンスの命名の「間隔測度」の代わりに「原点のない連続測度」(continuous measurement without the origin)という名前を提唱したい。社会科学で得られるデータで直接解析の対象になっているデータの多くは，厳密にはこの測度に属するもので有意味な原点が欠けている。原点がない場合，たとえば数学の試験で0点を取った人は数学の能力が0であるとか，10点を取った人の能力が5点取った人の能力の2倍あるというような確証はなく，事実そのような結論は不適当である。なぜならデータの原点が定義されていないからである。上の例の摂氏，華氏で表されている温度も絶対温度を考えているのではないので原点がない。摂氏ではたとえば今朝は10度，午後は20度という場合，午後の気温は朝の気温の2倍であるというような表現は意味を持たない。20度は10度の2倍暖かいであろうか。20度は華氏で68度，10度は華氏で50度であるから，原点を変えただけで68度は50度の2倍でないことがすぐわかる。このように比率が意味を持つためには測度の原点が必要である。間隔測度の水準では数の差し引きは任意の原点の影響を解除するので意味のある操作であるが，厳密にいうと掛け算，割り算で意味のある数値は出てこない。以上でわかるように，間隔測度の場合は，1対1，順位関係，等間隔(単位の存在)という性質を備えた測度である。

(4) 比率測度(ratio measurement)

　1対1，順序関係，測度の単位，原点をすべて備えたものが比率測度である。例としては重量がある。たとえば米袋Aは20キログラム，米袋Bは30キログラムであれば，BはAの1.5倍の重さがあるといえる。距離も比率測度の例である。C市からD市までの距離は，C市からE市までの距離の半分である，ということなどは正しい。この二つの例で重さが0，距離が0ということは，それぞれ重さがないこと，距離がないことである。このような例では原点の意味がはっきりしている。しかしスティーヴンスの命名の「比率」という言葉は，これに属するすべての測度が比率，つまり正の値をとる測度であるとい

う誤解を招きやすい。したがって本書ではスティーヴンスの比率測度というのは「原点をもつ連続測度」(continuous measurement with the origin)であると定義し、マイナス無限大からプラス無限大の範囲を持つ連続量であることを強調したい。この測度にいたってようやく足し算、引き算、掛け算、割り算のすべての演算が意味のある数量を算出する。本書で「比率測度」が出てくるときは、それが原点を持つ連続測度を指していることを覚えておいて欲しい。

通常我々が手にするデータのうち、どれだけのものが比率測度の基準を満たし、足し算、引き算、掛け算、割り算の対象になるのであろうか。直感的にいえば、そのようなデータはまれにしか見られない。それなのにデータが集められると演算が可能であるとして平均値、分散、相関係数を計算し、さらには分散分析、回帰分析、因子分析をする。この現状を見てスティーヴンスの測度の分類を放棄しようというのであれば、それは主客転倒である。日常のデータ解析でデータが比率測度でない場合には演算処理の前に演算処理を可能にするデータ変換(スケーリング、数量化)が必要になる。

スティーヴンスの分類法は行動科学の外では必ずしも知られていないし、ハンド(D. Hand, 1996)が言うようにデータ解析の専門領域の統計学でも測度に関する関心が低い。現在の統計ではデータ分類は大雑把に二分している。離散データと連続データ、質的データと量的データ、カテゴリーデータと連続データなどである。これらの二分法をスティーヴンスの分類法に当てはめると、一般には「名義測度、順位測度」と「間隔測度、比率測度」の二分に対応するものと考えられている。しかし厳密にいうと間隔測度には掛け算、割り算が定義されていない(間隔測度間の差は掛け算、割り算の対象になる)。しかし間隔測度を平均値の差の検定、分散分析、因子分析にかけるのが常套手段となっている[1]。

実際問題として間隔測度とみえるデータが等間隔性を備えているかと問われるとはなはだ心もとない。国語、英語、歴史、数学のテストの得点など、それぞれのテスト内の得点の等間隔性を誰が証明できるであろうか？ テストの0点を見て、その生徒の学力が0であると誰が言い切れるか。自殺の衝動に「全

---

[1] ここに演算と測度の関係が少々複雑になるが、実は加算、減算、掛け算、割り算の関係には面白い話がある。筆者が学生の頃コンピューターはなく、モンロー式の計算機を使っていた。その計算機ではA×BはAをB回加算したもの、A÷BはAからBを何回引いたら(減算したら)0になるか、その減算の回数が答えである、という方法を使っていたので、そこではすべての演算が加算、減算で処理されていた。

く駆られない」,「ときどき」,「しばしば」,「常に駆られる」が自殺傾向の等間隔尺度をなすといえるであろうか？　多くの疑問が出てくる。手元のデータの測度水準を重要な問題として考えて欲しい。

1-3　測度とデータ解析法

　典型的な統計解析の問題を考えよう。全国の高校生というような大きな集団（母集団）を考え，そこから無作為に 500 人の生徒（標本）をとりだす。その中から無作為に選んだ 250 人には教授法 A を，残りの 250 人には教授法 B を用いて半年間教育する。そのあとテストを施行，その結果を比較して二つの教授法の効果に統計学的な差があるかを検討する。ここで得られた結果は「無作為抽出」というお膳立てを利用し，標本から得られた結果を母集団にも当てはまるものとして発表する。しかし結果の一般化には無作為抽出以外の条件も必要である。データの測度水準は，例えば A 群，B 群の平均値を比べるのであれば比率測度が想定されている。正規分布の仮定が必要なら，データはやはり比率測度の母集団からでなくてはならない。このように考えると，伝統的なデータ解析にはデータが比率測度でなくては結論までの論理過程に問題が生ずることが多いといえる。

　我々のデータには比率測度が少なく，量的データと考えられる多くのデータでも間隔測度か順位測度の水準にとどまる。それなのにデータが得られたら平均値，分散，相関を計算し，従来の推計学的解析法を用いて結論を下す。これでは誤りの結論も頻繁に出てきそうであり，その追跡も難しい。我々のデータには一見比率測度であるかに見えるものが多い。数学のテストの 10 問題に対して教師はこの問題を解いたら何点，あの問題を解いたら何点と決め 10 問の得点を足して総合点を割り出す。それが比率測度とみなされるが果たして足し算をしても良い測度であろうか。加法に耐えうる 10 個の妥当な得点を出すことは容易でない。これでは帰無仮説の検定の段階で確率を計算することを正当化するのが難しくなる。

　今日多くの領域で，ある問いに対して，強く反対がマイナス 2 点，やや反対がマイナス 1 点，どちらでもないが 0 点，やや賛成が 1 点，強く賛成が 2 点，などと「常識的」な判断に基づいて各質問に対する返答の得点を考え，それらを加えて多数の質問からなる質問紙の総得点を計算する。そしてそれを複雑な計算にかけ結論を出す。このような得点法は市場調査，行動科学研究では万人

が認める常套手段になってしまった現在，もう一度考え直してみたい．英語では，"garbage in, garbage out"（ごみを解析すれば，ごみが出てくる）ということわざが一時流行した．耳の痛い言葉である．

　これまで見てきた一見比率測度に見えるデータに対して，明らかに名義測度としかいえないデータも多数ある．回答の選択肢としての「男，女」，「外向的，内向的」，「都市，農村」，「仏教，神教，キリスト教，回教，その他」，「左翼，右翼，中立」，「アジア，ヨーロッパ，北米，中米，南米，アフリカ」などである．これらは名義測度である．本書では，これらの反応カテゴリーも数値解析の対象として，その最適な解析法は何かを考えていきたい．

　本書では日常多く見られる比率測度とはいえないデータをどのように処理すべきかを納得できるまで解説し検討したい．その対処法は「データの数量化」で，我々が集めるデータを見ると，数量化こそデータ解析法の中心をなすべきではないかと思われる．なぜなら数量化というのはデータがどのようなものであれ，その説明に最適な変換法を見出す方法であるからである．従来の正規分布に基づいた推計学は，データが必要な条件を満たすものなら素晴らしいデータ解析法であるが，我々が見るデータの特殊性を考えると，推計学の応用を常に正当化することは難しい．

　別の視点からデータを二分すると，我々が扱うデータには解析前に変換を必要としないデータと変換を必要とするデータがある．行動科学で教えている統計学は主として変換を必要としないデータを対象にしているのに対し，我々が集めるデータはおおむね事前に変換を必要とするタイプのデータである．後者のデータ解析はそれだけ複雑，かつ重要な問題を提供している．

1-4　数量化とは？

　数量化は演算にかけることのできないデータを変換して演算が可能になるようにすることを第一の目的とするが，その変換はデータから可能な限り多くの情報を取り出すという特質をもっている．つまりデータに適した変換ということで理論的にいえば「変換値をデータへの線形回帰として求める」ということで，詳しくは後ほど解説しよう．この野心的な変換は常に実現可能な課題であることを覚えておこう．

　数量化の考えがいつ始まったかは定かでない．ものを計るということは大昔の社会でもすでにあったことで，そこまで延長して考えると紀元前にさかのぼ

1-4 数量化とは？

る。紀元前6世紀のギリシャのサモスの数学者ピタゴラス(Pythagoras)は「ピタゴラスの定理」で有名であるが，とりわけ数と自然の関係に関心を持ち感性にも尺度があると考えて調和音を発見した。同じ頃エジプトのアレキサンドリアでは幾何学で有名なユークリッド(Euclid)が叢書の中で数の意味に関して詳しく論じた。ピタゴラスから約二千年後にあらわれた17世紀の数学の異才ピエール デ フェルマ(P. de Fermat)は「フェルマの最後の定理」として数学界に解けざる証明問題を残して有名であるが，多くの貢献の中でも特に数理論に大きな展開をもたらした[*2]。このように歴史の紐を解くことは重要なことであるが，この前段階的時代までさかのぼって系統的に歴史的発展を解説することは，それだけで単行本として十分な資料がある。ここでは妥協案として今日我々が理解する狭義の20世紀を起源とする「数量化」に焦点をしぼって，その背景を考えよう。

その狭義の数量化とは何か，身近な例を通じてそれを推測しよう。以下の例は我々がしばしば遭遇する数量化の問題である。

> **例1** 質問の回答に，賛成3，中立2，反対1とあるが，これら3，2，1が果たして適当な得点であろうか？

通常このような質問はせず，3，2，1で表されたデータをそのまま計算の対象にしてデータ解析をしてしまう。しかし上の問いに対する正しい答えは「ノー」である。

例えば，イエス(3)，わからない(2)，ノー(1)として「花粉症ですか」に「ノー」と答え，「不眠症ですか」に「イエス」と答えた人は4点，これに対して二問にともに「わからない」で答えた人も4点。これはおかしい。同様に，第一の質問に賛成，第二の質問に反対した人，二問に中立を示した人，第一問に反対，第二問に賛成した人が皆同点というのも奇妙である。この例のような主観的な得点法はデータの情報を組み入れずに決めたもので，データからの情報収集には不適当なことが多い。さらに3，2，1と等間隔の得点を与えているのも数の使い方に無責任である。それに代わる数量化の方法では，データからの情報を取り入れてデータに最も適した得点法を提供してくれる。

[*2] フェルマの最後の定理はケンブリッジ大学，プリンストン大学の数学者アンドリューワイルズ(A. Wiles)が1995年に解を発表，350年の歴史に終止符を打ったが，これには日本の数学者も大きな貢献をしている。この歴史はシン(S. Singh, 1997)に詳しい。

> **例2** 家庭環境に関する10の多肢選択質問の各問に4個の選択肢がある。これらの質問の選択肢にどのような得点を与えて生徒の総得点を求めると、学生の職業志向をもっとも正確に予測できるか？

これも通常は主観的な重みを4個の選択肢にあて，それを用いてデータ解析するので，もっとも正確に予測をするということなど念頭にない。数量化ではデータが得られた段階で選択肢の重みを学生の職業志向の予測がもっとも的確にできるように決定する。

> **例3** 200人の女性が皮膚を美しくする化粧品7種を好みの順に並べたデータが集められた。どのように処理すべきか？

一般には第一に選ばれたものに7点，次が6点，というように順位に従った得点をつけ，最後に選ばれたものには1点を与え，200×7の表をあたかも比率測度のデータであるかのように，そのまま平均値，分散，相関などの計算の対象にしてしまうことが多い。しかし順位は比率測度ではない。さらに，この得点では各被験者の総点がすべて28点で，このデータ表は行和が等しいというイプサティヴ(ipsative)データといわれ，列間の相関には意味がないことが知られている。数量化では多次元空間に，第一に選んだ化粧品が一番身近に，2番目のものは2番目に身近というような関係を，すべての被験者とすべての化粧品について満たすような多次元空間の配置を算出する。これなら化粧品がどのような被験者に好まれるかが一目瞭然，これもデータに基づいて数量を出す問題である。

> **例4** 上の例で化粧品の特徴(若々しくする，肌の乾燥を防ぐ，衣服を汚さない，手ごろな値段)と回答者の情報(無職か有職，年齢層5段階，主婦か独身)が与えられた場合，それらの情報を上のグラフに挿入してグラフの解釈を手助けできるか？

データが得られたら数量化ではそれが可能である。

> **例5** 応答カテゴリーが(全くない，たまにある，時々ある，しばしばある，常にある)からなる五件法による多肢選択質問からなる性格テストを作った。テストの信頼性は？

1-4 数量化とは？

通常はリッカート法(Likert, 1932)[*3]による得点 0, 1, 2, 3, 4 をこれらのカテゴリーに与え，それがあたかも比率測度であるかのように考えて信頼性係数を求めて性格テストの信頼性の高さを論ずる。しかしこれには深刻な問題がある。データの内容を考えずに，カテゴリーに等間隔の重みを与えたことである。もし等間隔の重みで得られた信頼性係数が等間隔でない重みを使って得られた得点の信頼性係数より低い場合，等間隔でない重みのほうがデータの情報を効果的に把握していることになる。データ解析では常に最適統計量，つまりデータをもっともよく把握している統計量，を求めている。比率測度の場合，平均値，分散，相関係数などはそれぞれ代表値，散布度，線形関係を記述する最適統計量である。我々の例題の場合，同じ観点から考えると，信頼性係数を最大にするようなカテゴリーの重みは何か，という問題になる。リッカート法の重みは，信頼性と無関係に決められ，データとは独立に決められるので，信頼性係数を最大にするということとは無関係である。しかし実際にはリッカート法の重みがあらゆる方面で無批判に使われ，信頼性の計算がなされている。

本書で検討される数量化の方法では，信頼性係数が最大になるようにカテゴリーの重みを算出するので，それより高い信頼性係数をもつ得点法は存在しない。数量化で得られる信頼性係数は最適統計量である。データがどのような測度でも最適統計量が得られるような変換(数量化)をしよう，というのが本書のメッセージである。

例6 小学生に 80 の物質に対するアレルギー反応を調べた。反応は，＋＋，＋，？，－，－－ の5段階で記録された。被験者の性別，居住地区が与えられているので，分散分析を使いたいがデータが数量でない。分散分析が可能か？

統計学の巨匠フィシャー(R. A. Fisher, 1948)が，このような問題の分散分析法として数量化を提唱している。つまりこれらの反応に重みを与えて，それにより分散分析を考え，性差，居住地区差，この両者の交互作用などがもっともはっきり捉えられるように五種のカテゴリーの重みを決定する。これも最適統計量の考えで，分散分析の統計量(F)を最大化する課題である。

[*3] Likert の名前はライカート，リッカートという二つの発音が広く用いられている。筆者も長年ライカートと発音してきた。これにはアメリカでの教育の影響が多少あるかもしれない。しかし Likert 本人がリッカートが正しいと言明したという文献を最近目にした。したがって，本書ではリッカートを採用することとした。

この最後の例で数量という概念が当てはまらないようなものにも最適な数値を与えるというのが数量化であることを銘記したい。同時に我々が通常数量だと思っている順位測度，間隔測度なども数量化では演算可能な数値とはみなさず，新しい数値を求める。データを直接演算にかけて最適統計量が得られるのはデータが比率測度の場合だけである。

以上の例で数量化とは何かの漠然とした姿が見えたであろうか。数量化では比率測度ではないカテゴリーデータに数量を与えてデータに含まれる情報をできるだけたくさん取り出し，データに則した数によりデータを把握し理解する。しかし数量がないような変数に数を当てはめることが妥当かどうかという当然の疑問がある。数量がないと思っているのは我々であり，そのような変数にも幾何学的構造が存在し，数量化はそれを効果的に数学的に記述しようとするもので，ないものを作り出そうとしているのではない。いかにして数量化を取り入れるか，具体的に数量化の一例を観察しよう。

1–5　データを無視したリッカート得点法

数量化の考えを無視する方法の一つが今日広く使われているリッカート法で，それを批判の対象とすることは現実を否定することである。しかしその批判にも耳をかして欲しい。

(1)　リッカート得点の相関とその解析

西里(2007b)の例を使い，本題にはいる動機を明らかにしておこう。例題は6問からなる次の多肢選択問(表1.1)に対する人工データである。

社会科学ではリッカート方式の得点法(R. Likert, 1932)という名で，この

表 1.1　6個の多肢選択の質問例

質問1. 血圧は？	(1＝低，2＝正常，3＝高)
質問2. 偏頭痛は？	(1＝なし，2＝たまに，3＝しばしば)
質問3. 年齢は？	(1＝20-34，2＝35-49，3＝50-65)
質問4. 普段の不安度は？	(1＝低，2＝中，3＝高)
質問5. 体重は平均より？	(1＝軽，2＝平均，3＝重)
質問6. 身長は平均より？	(1＝低，2＝平均，3＝高)

1-5 データを無視したリッカート得点法

ように順序づけられた選択肢(例:低,中,高)にそれぞれ1, 2, 3という等間隔の得点を与える方式が広く使われている。リッカート方式の得点を使うと,データは次のようになる(表1.2)。

一般の常套手段は,この1, 2, 3であらわされた得点を比率測度であるとみなしてデータ解析をすることである。比率測度であるなら原点があり,得点の等間隔性,つまり単位の存在が前提条件であるが,リッカート得点の場合,原点に関しても単位に関しても肯定できない。この得点法はデータから離れて作られた(もっと極端にいうとデータとは無関係の)もので,主観的に等間隔性を導入したに過ぎない。いま一般に行われているように原点があり等間隔性を肯定できるものとして話を進め,その結論を眺めよう。

まずこのデータからピアソンの相関行列を求める。ピアソンの相関係数は2個の変数間の線形関係を示す統計量でデータが間隔測度であれば計算可能である。相関係数はマイナス1からプラス1の値をとり,プラス1であれば2変数の間に直線関係があり,1変数の値が増えると他の変数の値も増加し,マイナ

表 1.2　15人から得られたリッカート得点によるデータ

被験者	質　問					
	1	2	3	4	5	6
1	1	3	3	3	1	1
2	1	3	1	3	2	3
3	3	3	3	3	1	3
4	3	3	3	3	1	1
5	2	1	2	2	3	2
6	2	1	2	3	3	1
7	2	2	2	1	1	3
8	1	3	1	3	1	3
9	2	2	2	1	1	2
10	1	3	2	2	1	3
11	2	1	1	3	2	2
12	2	2	3	3	2	2
13	3	3	3	3	3	1
14	1	3	1	2	1	1
15	3	3	3	3	1	2
合計	29	36	32	38	24	30

ス1では1変数が増えると他の変数の値は減少し,相関係数が0であれば,1変数の値がわかっても,それに対応する他の変数の値が皆目わからないという2変数間の統計量である。いま一般的な記号を用い,変数 j と k に対する被験者 i の得点をそれぞれ X_{ji}, X_{ki} で示すと,ピアソンの相関係数 r_{jk} は次式で与えられる。

$$r_{jk} = \frac{\sum_{i=1}^{N}(X_{ji}-m_j)(X_{ki}-m_k)}{(N-1)s_j s_k}$$

$$= \frac{N\sum X_{ji}X_{ki} - \sum X_{ji}\sum X_{ki}}{\sqrt{N\sum X_{ji}^2 - (\sum X_{ji})^2}\sqrt{N\sum X_{ki}^2 - (\sum X_{ki})^2}}$$

ただし,

$$s_j = \sqrt{\frac{\sum_{i=1}^{N}(X_{ji}-m_j)^2}{N-1}}, \quad s_k = \sqrt{\frac{\sum_{i=1}^{N}(X_{ki}-m_k)^2}{N-1}},$$

$$m_j = \frac{\sum_{i=1}^{N}X_{ji}}{N}, \quad m_k = \frac{\sum_{i=1}^{N}X_{ki}}{N}$$

s は標準偏差,m は平均値,N は被験者数。一例として血圧(質問1)と偏頭痛(質問2)の相間を計算してみよう。表1.3のような表を作ると便利である。$N=15$ であるので,表1.3の合計の欄にある数値を,相関の式の2番目のものに代入すると

$$r_{12} = \frac{15\times 69 - 29\times 36}{\sqrt{15\times 65 - 29^2}\sqrt{15\times 96 - 36^2}} = -0.06$$

同様に他の対の相関を計算し,その結果をまとめると相関表(表1.4)が得られる。ピアソン(K. Pearson, 1904)は,これを正規相関(normal correlation)とよんでいることからデータが比率測度でかつ正規分布をするものであることを考えていたと思われる。正規分布は確かに相関の解釈に重要な意味を持つし,相関が線形関係の指標であることにも関係している。

ピアソンの相関行列の解析法として広く使われているものに主成分分析法(principal component analysis:PCA, Hotelling, 1933)がある。簡単な例として国語のテスト(A)と英語のテスト(B)の合成得点($Z=c_1A+c_2B$)を考えよう。c_1 と c_2 は二つのテストの重みといわれるもので,幾何学的な観点から $c_1^2+c_2^2=1$ の条件を満たす。これらの重みを変えると合成得点の分散が変わる。分散は統計学では情報量の指標として用いられることが多い。その分散が最大になるような重みを選ぶと,もとの二つのデータ A と B の情報を1個の

1-5 データを無視したリッカート得点法

表 1.3 血圧(X_1)と偏頭痛(X_2)の相関の計算表

被験者	質 問				
	X_1	X_2	X_1X_2	X_1^2	X_2^2
1	1	3	3	1	9
2	1	3	3	1	9
3	3	3	9	9	9
4	3	3	9	9	9
5	2	1	2	4	1
6	2	1	2	4	1
7	2	2	4	4	4
8	1	3	3	1	9
9	2	2	4	4	4
10	1	3	3	1	9
11	2	1	2	4	1
12	2	2	4	4	4
13	3	3	9	9	9
14	1	3	3	1	9
15	3	3	9	9	9
合計	29	36	69	65	96

表 1.4 6項目間の相関行列

	血 圧	偏頭痛	年 齢	不安度	体 重	身 長
血 圧	1.00					
偏頭痛	**−0.06**	1.00				
年 齢	**0.66**	0.23	1.00			
不安度	0.18	0.21	0.22	1.00		
体 重	0.17	−0.58	−0.02	0.26	1.00	
身 長	−0.21	0.10	−0.30	−0.23	−0.31	1.00

合成得点で最大限に説明できるということになる。

PCAは我々の例題の場合，6個の変数の線形結合

$$Y_i = X_{1i}w_1 + X_{2i}w_2 + X_{3i}w_3 + X_{4i}w_4 + X_{5i}w_5 + X_{6i}w_6$$

を考え，この合成得点の分散(情報量)が最大になるような6個の重み(負荷量)

を割り出す。この説明量最大の合成得点を第1成分とよぶが，それは変数間の相関も最大にする合成得点である。第一の成分で相関行列が完全に記述できない場合は，そのときの残差をもっともよく記述する第二の成分を作り出す6個の変数の負荷量を決める。PCAはこのように順次独立の成分と負荷量を求めていく方法である。例題の場合，6個の成分（主成分とよぶ）でデータが完全に記述されるが，もとのデータとの違いは，もとのデータでは通常各変数の散らばり（分散）が様々であるが，6個の主成分は，第一の主成分は最大の分散を示す合成得点，第二の主成分は，第一の主成分の影響を取り除いた部分のデータの最大の分散を説明する合成得点，第三の主成分は第一，第二の主成分の影響を取り除いた部分のデータの最大の分散を説明するもの，というように情報（分散）の分布が主成分を決めていることである。したがって，6個の主成分すべてを見てデータ解析をする代わりに，最初の2成分でたとえばデータの分散の80パーセントが説明できるとすると，その二つの主成分を吟味してデータ解析とする，というようなことが一般に行われる。つまりデータ全体を見ないで少数の主成分でデータを説明しようというものである。例題の場合，2個の主成分でデータの総情報量の62パーセントが説明される。この2成分の負荷量を第1軸，第2軸の座標として変数をプロットすると図1.1が得られる。このグラフで注目すべきことはまず各変数は原点と座標点を通る軸として表現されること，第二はその軸上に当初の得点1, 2, 3が等間隔で並んでいること，第三は座標点に近い変数血圧，年齢，不安は線形の関係にあること（血圧が高くなり，年齢が高くなり，不安度が高くなるという傾向），第四は2変数間の相関はそれらに対応する2軸の原点における角度の余弦であることである。し

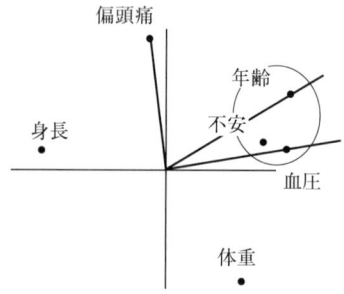

図 1.1　主成分分析の第一と第二の成分

たがって，偏頭痛と血圧の軸がほとんど直交関係にあることから両者の相関は0に近いことがうなずける。

　これは素晴らしいデータ解析に見える。しかし，データ解析という観点からは疑問を持たざるをえない。それはリッカート法の得点を比率測度として取り扱ったために，相関係数にはデータの線形関係の情報だけしか含まれていないからである。しかも等間隔のリッカート得点が線形関係をどれだけ効率的に取り上げたかも疑問である。2成分が62パーセントもの情報を説明しているから良いのではないかという反論は説得力がない。それはデータが持つ全情報の62パーセントではなく，データに含まれる線形関係の情報の62パーセントということであるからである。このデータにはもっとたくさんの情報が含まれているのである。

　リッカート方式の得点を一般の慣わしとして比率測度であると仮定すると，たとえば「年とともに血圧が高くなる」というような質問間の線形の関係だけしか捉えられなくなる。データ解析で線形関係だけを見れば良いというのは納得できない。変数間の関係が線形ではなく，たとえば「血圧は70歳ころまで年とともに上昇し，その後は上昇しない」というような非線形である事態はどうすればよいか。非線形の関係というのは意外にたくさんある。同志社大学烏丸キャンパスのところにあるカレー屋に入ったところ好みの辛さを指示してカレーを注文することを知らされた。カレーの辛さが0から100までとすると人の好みはある辛さで頂点に達し，それ以上でもそれ以下でも下がるはずである。その頂点の位置が人によって異なる。カレーの辛さと人のカレーの辛さの好みの関係などリッカート得点では追求できない。同じように日本茶のおいしさも湯の温度が高ければ高いほうが良いというものではなく，適温がある。コーヒーだって同じであろう。煮立っているものは飲むことができない。このようにデータに含まれる非線形の関係は意外と多い。そのような現象は線形を余儀なくするリッカート法では把握できず，全く無視されてしまう。本論に入る前にリッカート法の適正をみる方法を取り上げよう。

（2）　リッカート法の応用可能性を調べる簡便法

　リッカート方式の得点を使って血圧と年齢の関係をみると，相関は0.66となり比較的線形関係が強い。血圧と年齢の分割表（表1.5）を見ると明らかに年齢が増えると血圧が高くなるという傾向が読み取れる。

　しかし血圧が低くて年齢が50-65の人が1人いるように，その線形的関係は

表 1.5 血圧と年齢の分割表

	20-34	35-49	50-65
血圧が高い	0	0	4
正常の血圧	1	4	1
血圧が低い	3	1	1

完全とはいえない。その不完全さが相関の最大値1を0.66に押し下げている。ところで相関を下げているのは，このように予期されない観測値があるからだけであろうか。血圧の3段階に1，2，3，年齢の3群に1，2，3と等間隔の得点を与えたことも影響しているのではないであろうか。これを調べるには簡単な方法がある。

上記の分割表における年齢群20-34，35-49，50-65のそれぞれに1，2，3と与え，血圧群の平均値を求める。

$$高血圧：\frac{4\times 3}{4}=3, \quad 正常の血圧：\frac{1\times 1+4\times 2+1\times 3}{6}=2,$$

$$低血圧：\frac{3\times 1+1\times 2+1\times 3}{5}=1.6$$

同じように血圧群に1，2，3を与え，年齢群の平均値を求める。

$$年齢 20\text{-}34：\frac{3\times 1+1\times 2}{4}=1.25, \quad 35\text{-}49：\frac{1\times 1+4\times 2}{5}=1.8$$

$$50\text{-}65：\frac{1\times 1+1\times 2+4\times 3}{6}=2.5$$

これらの平均値を縦軸に，リッカート方式による得点1，2，3を横軸にプロットした場合2個の平均値のセットが直線を示せばリッカート方式の得点は適当であると判断する。もし直線から外れる場合には1，2，3という得点を変えれば変数間の関係をさらに良く把握できる可能性があることを示している。上の結果をグラフに示したものが図1.2である。選択肢の数が3なのであまり良くは見えないが，二つの線が直線からわずかに外れている。これを完全な直線にするにはリッカート得点の間隔を調整しなくてはならない。そのように1，2，3の間隔を調整すれば相関係数はさらに上がり，最大値に達したときその相関が2変数間の関係を示す最適統計量である。この例では0.74が最適統計量である。このような最大値に導く選択肢の重みを決めようというのが数量化(例，双対尺度法)の目的で，その目的が達成されたときその重みから得られる

1-5 データを無視したリッカート得点法

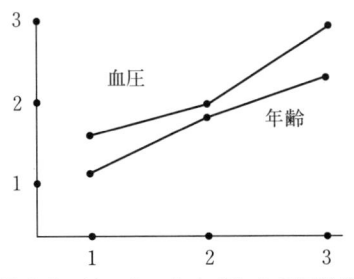

図 1.2 リッカート方式による平均値

平均値のグラフは直線で，かつ二つの直線が一直線に合流する。このときその得点はこのデータの情報を最大限取り上げるものであることが知られている(Nishisato, 1980 a)。これを一般的に述べるとある得点方式のデータへの回帰が一直線を示す場合，その得点は最適得点であるという。リッカート方式はデータへの回帰により得られたものではなく，データ収集前に採用されたデータとは無関係な得点法であるので，特定のデータの情報を最大限に捉えることは実際には期待できない。例題の場合，相関の最大値(0.74)とここで得られた相関値(0.66)の差がリッカート方式の得点の不完全さを示すことになる。この例の場合は，ほぼ直線が得られているのでリッカート方式でも良いということにするが，それでもリッカート方式の相関0.66がカテゴリー間隔の調整で0.74まで上がることに注目しよう。

これとは対照的なケースとして血圧と偏頭痛の関係を見ると相関は-0.06と0に近い。その分割表(表1.6)を見よう。リッカート法が適当であるかないかを調べるために，前回と同じにリッカート得点を用いて各選択肢の平均点を求める。

$$高血圧：\frac{0\times1+0\times3+4\times3}{4}=3,$$

$$正常の血圧：\frac{3\times1+3\times2+0\times3}{6}=1.5,$$

$$低血圧：\frac{0\times1+0\times2+5\times3}{5}=3$$

頭痛なし：2, たまに頭痛：2,

表 1.6　血圧と偏頭痛の分割表

	頭痛なし	たまに頭痛	しばしば頭痛
高血圧	0	0	4
正常の血圧	3	3	0
低血圧	0	0	5

しばしば頭痛：$\dfrac{4\times 3+0\times 2+5\times 1}{9}=1.89$

　これをグラフに示したものが図 1.3 である．これからわかるようにどちらの線も上昇直線からはかけ離れているので，この場合リッカート方式の得点法ではデータの情報を汲み取ることができないという結論になる．リッカート方式の得点法は線形関係を想定しているのに対し，データは全くそっぽを向いている．この両変数がなにを訴えようとしているかは分割表を見れば一目瞭然である．偏頭痛がしばしば体験されるのは血圧が高いか低い人で，血圧が正常の人は偏頭痛があまり体験されない，という非線形の関係である．このような場合選択肢間の間隔調整をしても関係をうまく捉えることができない．間隔調整のほかに選択肢の並べ替えが必要になる．たとえば表 1.7 のように血圧の選択肢の順番を変えると反応が強いていえば上昇傾向を示すように並んでいるので直線性が高まりそうである．ただし，ここで血圧の選択肢の重みも変え，「正常の血圧」に 1，「高血圧」に 2，「低血圧」に 3 を与える．これはもはやリッカート得点ではないが，線形関係が高まる例として考えよう．頭痛の選択肢には前と同じリッカート得点を与える．この新たな得点法を使って平均値を計算す

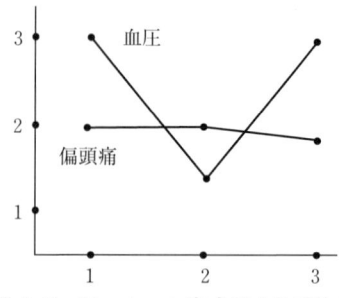

図 1.3　リッカート方式による平均値

1-5 データを無視したリッカート得点法

表 1.7 血圧と偏頭痛の並び替えられた分割表

	頭痛なし	たまに頭痛	しばしば頭痛
低血圧	0	0	5
高血圧	0	0	4
正常の血圧	3	3	0

ると,

低血圧：$\dfrac{0 \times 1 + 0 \times 2 + 5 \times 3}{5} = 3$, 　　高血圧：$\dfrac{0 \times 1 + 0 \times 2 + 4 \times 3}{4} = 3$

正常の血圧：$\dfrac{3 \times 1 + 3 \times 2 + 0 \times 3}{6} = 1.5$

頭痛なし：1, 　　たまに頭痛：1,

しばしば頭痛：$\dfrac{5 \times 3 + 4 \times 2 + 0 \times 1}{9} = 2.56$

これらの数値を使ってグラフを書くと次のようになる(図 1.4)。この図が示していることは，血圧の得点を変えると血圧と頭痛の相関が上がるということ，その相関は血圧が低いか高いときには頭痛がしばしば経験されるという非線形の関係を示すものであることがわかる。最適統計量の観点からは，血圧，頭痛のカテゴリーに対する重みをさらにどのように変えると相関の最大値が得られるかという問題になる。そのような相関の最大値を与えてくれる重みがデータを一番良く把握してくれる重み，最適の重みである。図 1.4 から推測できるかもしれないが，さらに「高血圧」と「低血圧」を同じカテゴリーに，つま

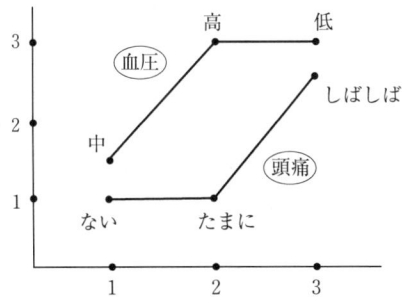

図 1.4 血圧の得点を並び替えた場合の 2 変数の関係

表 1.8 血圧と偏頭痛の並び替えられた分割表

	頭痛なし，たまに頭痛	しばしば頭痛
高血圧，低血圧	0	9
正常の血圧	6	0

り両者に同じ値を与え，「頭痛なし」と「たまに頭痛」に同じ値を与えて同じカテゴリーに入れると表1.8が得られ相関が1となる．これがこの例の最適統計量である．この値を出してくれる各選択肢の重みは後ほど計算しよう．

このように {高血圧，低血圧} を一緒にすることは線形解析では不可能な事態であり，これはリッカート方式の等間隔の得点を用いている限り，変数間の非線形関係を見ることができないということを示す一例である．

(3) リッカート法の相関と相関の最高値

ここでピアソンの相関とは何かを見ておこう．前にも述べたようにピアソン (1904) の論文には「正規相関」(normal correlation) という言葉が使われている．ピアソンは2個の正規変量の間の関係を示す統計量を考えていたと思われる．つまり正規分布をする比率測度である．2個の変数が正規分布に従う場合，その理論的分布を2変量正規分布とよぶ．その数式は複雑なのでここには挙げないが，重要なことはその記述には変数間の関係を示すパラメータがただ1個，それは線形相関係数である．つまり正規変量間の関係は「線形」に集約され，そこには非線形の関係が含まれない．リッカート法による得点から計算された相関は，得点をあたかも比率測度であるかのように考えて計算した線形の相関である．比率測度はそのまま解析の対象になる絶対測度であるが，リッカート法の得点は比率測度でないところに問題がある．

通常リッカートの得点は順位測度に整数を与えたものであると考えられるが，数量化の立場からいうとリッカート法の得点は順位測度ではなく名義測度と考えなくてはならない．測度水準を名義測度に下げることにより選択肢の順位の入れ替えという操作が可能になる．単位の調整，順序の調整という自由な変換のもとに線形相関（ピアソンの相関）を最大にするのが数量化の操作である．その場合の選択肢の重みは最適統計量の相関係数につながるので最適な重みと定義し，それを用いて被験者の得点を算出する．

このような操作により，選択肢に対する重みをどのように変換した場合に相

1-5 データを無視したリッカート得点法　　　　　　　　　　　　　　21

表 1.9　リッカート得点の相関と最適得点の相関

変　数	リッカート	最適統計量	変　数	リッカート	最適統計量
血圧：頭痛	−0.06	1.00	頭痛：身長	0.10	0.58
血圧：年齢	0.66	0.74	年齢：不安	0.22	0.75
血圧：不安	0.18	0.48	年齢：体重	−0.02	0.55
血圧：体重	0.17	0.45	年齢：身長	−0.30	0.33
血圧：身長	−0.21	0.62	不安：体重	0.26	0.37
頭痛：年齢	0.23	0.45	不安：身長	−0.23	0.00
頭痛：不安	0.21	0.68	体重：身長	−0.31	0.45
頭痛：体重	−0.58	0.67			

関の最大値が得られるか？　最大値を得るためには等間隔というリッカート法の拘束条件を離れ，おおむね非線形変換が必要になる．回りくどいようであるが数量化では非線形変換をしたものの線形相関を最大にするということで非線形関係を捉えている．もちろん先の例の血圧と年齢のように線形に近い関係も含まれる．数量化で得られる相関（最適統計量）とリッカート法で得られる相関の差は，リッカート法を使って線形関係だけに注目した場合，どれだけ情報を見逃しているかを示してくれる．その差が小さい場合はリッカート得点でよいということになる．上記の例題の相関の比較が表1.9である．

　変数間の2個の相関係数はほとんどの対で大きな差が見られる．この比較からいえることは，リッカート得点はデータの情報をあまりよく把握していないこと，リッカート得点に基づいた相関行列をたとえば因子分析でいくら多次元に解析してもデータの情報のごく一部だけが解析の対象になっていることがわかる．一般にデータの情報をできるだけたくさん解析しようとするデータ解析にとってリッカート得点はあまり有効ではない．

（4）　数量化による解析

　数量化の場合，例題のデータは表1.3に見られる1，2，3というような得点ではなく被験者×選択肢の反応パターン（表1.10）で表現される．

　数量化の課題は反応パターン(1, 0, 0)，(0, 1, 0)，(0, 0, 1)（それぞれ最初の選択肢，第2の選択肢，第3の選択肢を選んだ）を用い，6問の18個の選択肢にどのような得点を与えるべきかという問題に切り替えられる．つまり間隔測度か順位測度の役割を果たすと考えられたリッカート方式を数量化では名

表 1.10 数量化のためのデータ

被験者	123	123	123	123	123	123
1	100	001	001	001	100	100
2	100	001	100	001	010	001
3	001	001	001	001	100	001
4	001	001	001	001	100	100
5	010	100	010	010	001	010
6	010	100	010	001	001	100
7	010	010	010	100	100	001
8	100	001	100	001	001	001
9	010	010	010	100	100	010
10	100	001	010	010	100	001
11	010	100	100	001	010	010
12	010	010	001	001	010	010
13	001	001	001	001	001	100
14	100	001	100	010	100	001
15	001	001	001	001	100	010

義測度まで水準を下げて質問項目の選択肢にどのような得点を与えるべきかという問題になり，得点の決定には選択肢間の間隔の調整，順序の調整を通し最適統計量を導くような得点を求める．その計算には手計算では時間がかかりプログラムが必要である．ここでは計算過程には触れず，数量化の結果の一部だけ示すことにしよう．例題の場合データの情報は 12 主成分に分布しているが，それらすべてを見ることは第 1 章では複雑すぎるので第 1 と第 2 の主成分だけをグラフにして見よう（図 1.5）．

リッカート得点の主成分分析では変数が軸で示され変数の選択肢はすべて軸上に等間隔に布置したが，反応パターンの数量化では選択肢が単位になり選択肢が直線状に並ぶという拘束条件はない．そのうえ 2 次元グラフに変数の 3 個の選択肢の座標を結ぶと一般に三角形をなす．後ほど検討されるが，ある変数の選択肢が描く三角形が大きければ大きいほどその変数の 2 次元空間への寄与率が高いこと，つまりその変数の重要性が高いことを示す．この例題の場合偏頭痛と血圧の三角形が大きく体重の三角形が小さい．グラフの情報を大雑把にまとめると表 1.11 のとおりである．

ここで取り上げた例は一般の研究，調査で用いられるデータに比べて極めて

1-5 データを無視したリッカート得点法

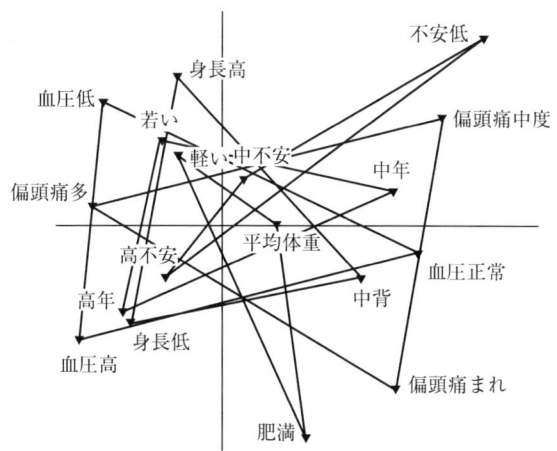

図 1.5 数量化の成分 1 と成分 2 のグラフ

表 1.11 数量化による解析のまとめ

第 1 次元		
血圧が低い，高い		血圧が正常
偏頭痛が頻繁，高齢	対	頭痛がない
若い，背が高い		不安が高い，背が低い
第 2 次元		
血圧が高い		血圧が低い
高 齢	対	若 い
背が低い		背が高い，痩せ型

小規模である。しかし得点法の比較は簡明で十分説得力をもっているように思われる。我々が注目すべき点は，リッカート得点，それに準ずるセマンティックディファレンシャル(semantic differential)法による得点($-3, -2, -1, 0, 1, 2, 3$ というように両極にわたる得点)が，世界各国で，様々な領域で無批判に，しかも確立された常套手段として広く使われている。何故か。心理学では長年 1 次元尺度を中心にした研究が行われていた。そこでは個人差はランダムエラーとして扱われ，測定の対象は 1 次元の尺度上に並べることができるという想定のもとに実験のための変数が選ばれてきた。たとえば，1 次元尺度を

構成するという立場から不安に関する項目が選択された。あるいは人格テストでも下位尺度は1次元尺度をなすという考えの下に質問項目の選択が行われてきた。その背後にある考えは線形モデルの当てはめである。このような昔の枠組みが，いまでもリッカート得点をそのまま使うという風習を育ててしまったと思われる。それには便利さがあったことも確かであろう。

筆者は約40年双対尺度法の名のもとに数量化の観点から，この問題を大学院の講義で説いてきた。比率測度以外のデータではデータの数量化が必要で，データの変換値のデータへの回帰が線形になるようにデータを変換すると，そのデータの情報を最大に捉えられるという基底に立って数量化を教えてきた。この観点からデータの情報に基づかないリッカート法はデータの説明には不向きであるというのがメッセージであった。しかし振り返ってみると研究の世界におけるリッカート得点万能説の壁は厚く，リッカート法に対する批判的な講義は現場の研究者には省みられないのが現状であろう[*4)]。

1-6　リッカート法に変わる数量化の考え方

以上の記述でリッカート法はデータを集める前に常識的に得点法を指定するもので，反応カテゴリー（選択肢）が順序を持ったものである場合，データ処理の方法としては使いやすいということが指摘された。どのような情報をデータが担っているかの検討もなく出された得点法である。さらに順序のない選択肢（例：性格が外向性か内向性か，好みの色は赤，黄，青，紫，白，緑，黒のどれか）の場合には用いることができない。データと得点法の結びつきは，データが比率測度であれば完全であるが，残念ながらリッカート法の得点にはその結びつきが欠けている。間隔測度か順位測度であると考えられているリッカート得点であるが，情報を捉えようという観点からは一番水準の低い名義測度として取り上げられるべきことが述べられた。この認識は妥当な得点を算出する

　[*4)]　2002年カナダのある大学で教育測定の学会があった。リッカートの論文が出て70年，そのときの演演者の一人が，リッカート法に関する講演で双対尺度法も考慮すべきであるということを述べたということで論文を送ってくれた。しかしその論文にはなぜ双対尺度法も考慮すべきかということには一切触れず，結論はリッカート法は老いてますます勢力を広げているという賛辞が主体であった。それがデータに沿った得点法か否かというようなことには全く触れていない。リッカート法の専門家が無批判にそれを推奨している論文であった。

上で重要な出発点であるが一般には理解されていない。測度の観点からいうとリッカート得点は一般に通常の演算ができるような数値ではない。

　数量化を使って出す得点は与えられたデータのための「最適の得点」である。この「最適」が得点のどのような側面(例として平均値，分散，相関)に関しての最適かということはいずれわかる。数量化が得ようとしているのは与えられたデータを記述するための最適統計量である。数量化による被験者の得点は最大の信頼性係数を示す，被験者の得点の分散は最大となる，多肢選択データでは各選択肢に対する重みは変数間の相関係数の平均値が最大になるように決定される，などである。選択肢に対する重みの最適な線形，非線形変換を通じ変数間の線形相関が最大になるようにする。本書ではこのような考えから我々が得る様々なデータの解析を考えたい。ここで数量化の方法として紹介されるものは，林の数量化理論3類，双対尺度法，最適尺度法，コレスポンデンスアナリシス，同質性解析法などとよばれている方法と数学的には同じものである。これらの最近の動向については西里(Nishisato，2007a)に詳しい。

1-7　数量化のためのプログラム

　データ解析のための数量化にはプログラムが望まれる。駒沢，石崎，樋口共著の『パソコン数量化分析』，"SPSS for Windows"に入っている数量化のプログラムなどがまずあげられる。数量化全貌のために書かれた"DUAL 3 for Windows"(Nishisato & Nishisato, 1994)は残念ながらWindous XP以後のコンピューターのために書き換えられていない。そのほかエクセルを使ったもの，個人で書かれたものなどが多数存在する。インターネットなどで日本，外国のものを調べて欲しい。フランスで長年使われたもの，最近RとJavaを使って書かれたマーター(Murtagh, 2005)のものなどもある。本書のためにDUAL 3を改訂して載せる計画が実現しなかったことをお詫びしたい。

演習問題1.
1-1　名義測度，順位測度，間隔測度，比率測度の例をそれぞれ三つ挙げよ。
1-2　反応カテゴリー「全くない」，「たまにある」，「しばしばある」，「常にある」に対するリッカート法の得点1，2，3，4は名義測度，順位測度，間隔測度，比率測度のいずれであるか？

1-3 公理論的測度理論(axiomatic theory of measurement)が1960年代に数名の数理心理学者により提唱された。それとスティーヴンスの測度理論の違いを検討せよ。

1-4 イプサティヴ得点の例として X を出席日数，Y を欠席日数とすると，どの生徒の場合も $X+Y$ の値が等しくなる。この場合 X と Y の相関係数を計算するとマイナス1が得られる。イプサティヴ得点をなす変数間の相関は意味がないことが良くわかる。もう一つの例として，X は晴れの日数，Y は曇りの日数，Z は雨の日数ということで，1月から毎月年末までのデータを集めたと仮定して 12×3 の人工データを作り，X と Y，X と Z，Y と Z の相関を計算せよ。その結果を検討せよ。この場合，月により総日数がわずかながら違うので正確な意味ではイプサティヴ得点とはいえないが，総点がほとんど同じであることの影響は明らかであろう。

1-5 リッカート得点の妥当性を調べるグラフの例を例題を用いて二つあげたが，このデータの他の変数の対に関しても 3×3 の表を作成せよ。

1-6 1-5で作成した個々の表に関し平均値のグラフを求め，リッカート得点が適当であるかないかを検討せよ。

1-7 明らかにリッカート得点が不適当な場合，行の入れ替え，または列の入れ替えにより平均値のグラフが直線に近づくようにすることが可能な表を作り出すことができるか，可能な例を三つあげよ。

2章

分割表の解析

2-0 はじめに

1章では我々が集める多くのデータが比率測度ではなく，データの数量化が必要であることを見た。数量化というのはデータを記述するという観点からもっとも適した数値を被験者および選択肢に与える方法である。数量化の方法は多くの名前で知られているが，すべて比率測度でないデータから最適統計量を求める方法である。計算方法は多数存在するが，そのうちのひとつである交互平均法は歴史的に古く，かつ計算過程がもっとも理解しやすい。それを数量化の計算法として分割表の解析に使おう。はじめに分割表(contingency table)とはどのようなデータであるか，その数量化とは何かを例を見ながら考えよう。

2-1 分割表の例

表2.1はクレッチマー(E. Kretschmer)の気質体型論に関するデータで分割表の一例である。クレッチマーは20世紀の前半に世界を風靡したドイツの精神科医で，このデータは1925年に発表されたものである。彼は人間の気質と体型の関係に注目し，有名な気質体型論を発表した。気質として三つのタイプ，つまり躁うつ気質(manic-depressive)，分裂気質(schizophrenic)，てんかん気質(epileptic)を考え，体型として小太り(pyknic)，痩せ型(leptosomatic)，不均衡未発達型(dysplastic)，筋力型(atheletic)，その他(others)を考えた。大雑把にいって躁うつ気質は小太り，分裂気質は痩せ型，てんかん気質は不均衡未発達型という関連を提唱した。データは3×5の表で気質と体型の組み合わせの数(度数，頻度)を示したもので，これが分割表とい

表 2.1 クレッチマーの気質体型論 (Kretchmer, 1925)

		体型					
		小太り	痩せ型	筋力型	不均衡	その他	合計
気質	躁うつ気質	879	261	91	15	114	1360
	分裂気質	717	2632	884	549	450	5232
	てんかん気質	83	378	435	444	166	1506
	合計	1679	3271	1410	1008	730	8098

われるデータの一例である.ここで一つ明らかにしておこう.度数は原点を持つ数量であるが,我々が関心を持っているのは気質のカテゴリーと体型のカテゴリーにどのような重みを与えればデータの解釈がもっとも効率よくできるかということなので,その対象となるカテゴリーは明らかに名義測度である.

2-2 行と列の独立性と連関

この例で明らかなように分割表は,2個のカテゴリー変数(例:気質と体型)のカテゴリー間の同時観測度数を示すデータで,その解析に関してまず考えられることは行変数と列変数の関連度である.一般に分割表には行と列の関連に関係のない部分と関連を示す部分が含まれている.これをまず小さな数値例で見ておこう.

全国調査で週刊誌A,Bを読むか読まないかという調査が行われ2箇所の町(標本1,標本2)から表2.2のような結果が得られたとしよう.

標本1では一人の人がAを読むとわかっても,この情報はその人がBを読むか否かの判断には役立たない.なぜなら,Aを読んでも読まなくてもBを

表 2.2 二つの分割表

標本1	読むB	読まないB	合計	標本2	読むB	読まないB	合計
読むA	800	200	1000	読むA	600	400	1000
読まないA	200	50	250	読まないA	50	200	250
合計	1000	250	1250	合計	650	600	1250

読む数がBを読まない数の4倍になっているので，Aに関する知識はBの購読になんらの情報も与えてくれない。この場合AとBは独立であるという。これに対して標本2では，一人がAを読むとわかれば，その人はBも読む可能性が高い。なぜなら，Aを読む場合，その人がBを読む割合はBを読まない割合の1.5倍，それに対してAを読まない場合，その人がBを読む割合はBを読まない割合の4分の1に過ぎないからである。言い換えれば，標本2では，週刊誌AとBが読者に共通の訴えるところを持っているといえる。その度合いを連関度(association)という。

統計学では分割表の解析にまず行と列の独立性を考える。分割表の行i，列jの度数をf_{ij}，行i，列jの周辺度数(総和)をそれぞれ$f_{i\cdot}$, $f_{\cdot j}$, 表の総度数をf_tで示すと，行と列が独立な場合，行i，列jの期待度数(予測される度数)$f_{ij}{}^*$は次式で与えられる。

$$f_{ij}{}^* = \frac{f_{i\cdot} f_{\cdot j}}{f_t}$$

この式を使って独立の場合の期待度数を計算すると，標本1の場合は

$$\frac{1000 \times 1000}{1250} = 800, \quad \frac{1000 \times 250}{1250} = 200$$

$$\frac{250 \times 1000}{1250} = 200, \quad \frac{250 \times 250}{1250} = 50$$

標本2の場合は

$$\frac{1000 \times 650}{1250} = 520, \quad \frac{1000 \times 600}{1250} = 480$$

$$\frac{250 \times 650}{1250} = 130, \quad \frac{250 \times 600}{1250} = 120$$

我々の例題で，得られたデータ行列から独立の場合の期待度数を差し引くと標本1の場合は

$$\begin{bmatrix} 800 & 200 \\ 200 & 50 \end{bmatrix} - \begin{bmatrix} 800 & 200 \\ 200 & 50 \end{bmatrix} = \begin{bmatrix} 0 & 0 \\ 0 & 0 \end{bmatrix}$$

標本2の場合

$$\begin{bmatrix} 600 & 400 \\ 50 & 200 \end{bmatrix} - \begin{bmatrix} 520 & 480 \\ 130 & 120 \end{bmatrix} = \begin{bmatrix} 80 & -80 \\ -80 & 80 \end{bmatrix}$$

となり，標本1の場合は差がすべて0なので行と列が独立，標本2の場合は差が0とならないので行と列は独立でない，つまり行と列に何らかの連関があるという結論に達する。データ解析の立場からいうと行と列が独立の場合は両変

数に関して解析の対象となる情報がデータに含まれていない。このような場合には分割表の数量化に有効な情報がなく数量化は成り立たない。逆にいえば分割表の数量化というのはデータの独立でない部分を解析する方法であるといってよい[*1)]。

2-3　分割表のための交互平均法：データへの線形回帰

　さて分割表の数量化というのは，分割表の行と列に分割表に含まれる情報をもっともよく説明するような重みを割り出し，それにより分割表内の情報を効率よく記述することで，そのときに算出される数量は演算が可能な数値であるという特徴を持つ。そのような最適の重みの計算方法としては交互平均法 (method of reciprocal averages) というのがある。先にリッカート法が与えられたデータに対して適当であるかないかを調べる方法として，リッカート法による得点を横軸に，それによる平均値を縦軸にとってグラフを書き，両線が上昇線形であれば，そのデータにとってリッカート法は適切であると判断した。しかし多くの場合そのような上昇線形のグラフからかけ離れた結果が得られる。数量化では，リッカートの重みをさらに調整して，調整した重みを横軸に，それによる平均値を縦軸にとって書かれたグラフが直線になるような重み

[*1)] ここで少し横道にそれるが，行列の加減算を導入しておこう。行列とは n 行，m 列からなる数の集合である。たとえば，次の二つは 3×2, 3×3 の行列の例である。
$$\begin{bmatrix} 5 & 3 \\ 1 & 6 \\ 0 & 7 \end{bmatrix}, \quad \begin{bmatrix} 9 & 3 & 0 \\ 3 & 6 & 2 \\ 1 & 3 & 8 \end{bmatrix}$$
$n×1$, $1×m$ の行列は，それぞれ列ベクトル，行ベクトルとよび，$1×1$ の行列はスカラーと呼ぶ。行列は通常大文字の太字(たとえば $\boldsymbol{A}$, $\boldsymbol{B}$)，ベクトルは小文字の太字($\boldsymbol{a}$, $\boldsymbol{b}$)，スカラーは小文字(a, b)で示す。
　二つの行列 $\boldsymbol{A}$ と $\boldsymbol{B}$ の加減算は双方の行数，列数が等しい(行数と列数は等しくなくても良い)ときに次の形で定義される。両者がともに 2×3 の加算の場合，
$$\boldsymbol{A} + \boldsymbol{B} = \begin{bmatrix} a_{11} & a_{12} & a_{13} \\ a_{21} & a_{22} & a_{23} \end{bmatrix} + \begin{bmatrix} b_{11} & b_{12} & b_{13} \\ b_{21} & b_{22} & b_{23} \end{bmatrix} = \begin{bmatrix} (a_{11}+b_{11}) & (a_{12}+b_{12}) & (a_{13}+b_{13}) \\ (a_{21}+b_{21}) & (a_{22}+b_{22}) & (a_{23}+b_{23}) \end{bmatrix}$$
減算の場合は上の式の＋を－に変えればよい。
　ベクトルとスカラーの積，ベクトル間の加減算は次の形から一般化して欲しい。
$$a\begin{bmatrix} x_1 \\ x_2 \\ x_3 \end{bmatrix} + b\begin{bmatrix} y_1 \\ y_2 \\ y_3 \end{bmatrix} - c\begin{bmatrix} z_1 \\ z_2 \\ z_3 \end{bmatrix} = \begin{bmatrix} ax_1 + by_1 - cz_1 \\ ax_2 + by_2 - cz_2 \\ ax_3 + by_3 - cz_3 \end{bmatrix}$$
右側は $a\boldsymbol{x} + b\boldsymbol{y} - c\boldsymbol{z}$ と表現される。ただし，$\boldsymbol{x} = \begin{bmatrix} x_1 \\ x_2 \\ x_3 \end{bmatrix}$, $\boldsymbol{y} = \begin{bmatrix} y_1 \\ y_2 \\ y_3 \end{bmatrix}$, $\boldsymbol{z} = \begin{bmatrix} z_1 \\ z_2 \\ z_3 \end{bmatrix}$

2-3 分割表のための交互平均法：データへの線形回帰

を求める．つまりデータへの回帰が線形になるようなデータの変換値を求めるので，その結果は手元のデータを説明するためには最適の数量となる．データの情報を使ってデータをもっとも良く説明する数量を算出するということで，これはデータを見る前に主観的に出されたリッカートの重みとは大きな違いである．

前章で見たリッカート法の適性を調べるグラフでは，一般には上昇線形であっても直線ではない場合や上昇線形から外れている場合など様々なグラフが得られた．交互平均法ではそのとき得られた平均値を最適な重みの第 1 近似値と考える．それがどのような重みであれ，そのときの平均値（第 1 近似値）をリッカート得点の代わりに使って新しい平均値を計算し，新しい平均値（第 2 近似値）を縦軸に，前の平均値（第 1 近似値）を横軸としてグラフを描くと，このグラフは前回のものに比べて，上昇線形に近づいている．そこで今度は第 2 近似値を重みとして使い，新たな平均値（第 3 近似値）を計算，第 3 近似値を縦軸に，第 2 近似値を横軸にしてグラフを描くと，それはさらに直線に近づいている．第 3 近似値を使って新たな平均値（第 4 近似値）を計算して前と同様にグラフを描くと，前回に比べさらに上昇線形に近づく．この交互平均の過程は数学的に収斂過程（Nishisato, 1980 a）で最終的には必ず上昇直線になり二直線が合致する．これはデータの変換値のデータへの回帰が直線になることで，その変換値を用いると変数間の相関は最大値を示し，データからの情報回収度は最大になる．つまりデータをもっとも効果的に説明する最適変換値が得られる．この完全線形回帰に導く過程がデータの情報を直接使って数量化の問題を漸近的に解く交互平均法（method of reciprocal averages）とよばれる方法で，比率測度ではないデータから線形回帰を示す数量を求める．分割表の場合この方法を用いると最適の行の重み，列の重みが同時に得られる．

歴史の紐を解くとこのような考えに基づき，データの分布を考慮し，行，列への重みの調整をしようとした試みは 1920 年代に生態学の分野で試みられた．心理学関係では，同じ原理に基づく方法を 1933 年にリチャードソンとクーダー（Richardson & Kuder, 1933）が多肢選択データの選択肢の重みを決めるのに使い，それを 1935 年ホースト（Horst, 1935）が「交互平均法」と命名した．統計学では有名なフィシャー（Fisher, 1940）が交互平均法でカテゴリーデータの判別問題が解けることを示した．西里（1980 a，1994，2007 a）は線形回帰を示すカテゴリーの変換値はデータから得られる情報を最大に把握するものであることを説いている．これでデータが比率測度でない場合，いかにして演算が

可能なそして最適な数量を導入するかの糸口が開かれた。

先に血圧と年齢のデータに対してはリッカート得点でも両者の関係がほぼ捉えられるが，線形関係を想定するリッカート得点では血圧と頭痛の関係を捉えることができないことを見た。しかし血圧と頭痛の関係は交互平均法を使うと相関が1になるという特殊なケースであるので，ここでは血圧と身長の関係（リッカート法の得点では-0.21という相関を得ている）のデータを用いて交互平均法を説明しよう。そのデータは表2.3の通りである。

ステップ1 身長のカテゴリーに「適当な」値を与える。例として低いに-1，平均に0，高いに1を与える。

ステップ2 これらを使って血圧が低い，正常，高いの得点を求めよう。身長が低いに-1，平均に0，高いに1を与え，血圧が低い，正常，高いの得点を求めると

$$(-1)\times\begin{bmatrix}2\\1\\2\end{bmatrix}+0\times\begin{bmatrix}0\\4\\1\end{bmatrix}+1\times\begin{bmatrix}3\\1\\1\end{bmatrix}=\begin{bmatrix}1\\0\\-1\end{bmatrix}$$

これから平均得点を求めるには上の得点のそれぞれを反応数5，6，4で割れば良い。平均得点を$Y(low)$，$Y(med)$，$Y(high)$とすると

$$\begin{bmatrix}Y(low)\\Y(med)\\Y(high)\end{bmatrix}=\begin{bmatrix}1\div5\\0\div6\\-1\div4\end{bmatrix}=\begin{bmatrix}0.2000\\0.0000\\-0.2500\end{bmatrix}$$

ステップ3 これらの得点の平均値Mを求める。

$$M=[5\times0.2000+6\times0.0000+4\times(-0.2500)]/15=0.0000$$

表 2.3 血圧と身長の分割表

	身長は			
	低い	平均	高い	計
血圧が高い	2	1	1	4
正常の血圧	1	4	1	6
血圧が低い	2	0	3	5
計	5	5	5	15

2-3 分割表のための交互平均法：データへの線形回帰

ステップ 4　M を Y から引き，その値をまた Y とする。$M=0$ によりステップ 4 は省略。

ステップ 5　これらをその中で一番大きな絶対値（$g(y)$ で示す）で割り，その結果をまた Y で示す。$g(y)=0.2500$ であるので，

$$\begin{bmatrix} Y(low) \\ Y(med) \\ Y(high) \end{bmatrix} = \begin{bmatrix} 0.2000 \div 0.2500 \\ 0 \\ -0.2500 \div 0.2500 \end{bmatrix} = \begin{bmatrix} 0.8000 \\ 0.0000 \\ -1.0000 \end{bmatrix}$$

ステップ 6　これらを重みとして使って，今度は身長が低い，平均並み，高いの得点を出し，平均値 $X(L)$, $X(M)$, $X(H)$ を求める。

$$0.8000 \times \begin{bmatrix} 2 \\ 0 \\ 3 \end{bmatrix} + 0.0000 \times \begin{bmatrix} 1 \\ 4 \\ 1 \end{bmatrix} - 1.0000 \times \begin{bmatrix} 2 \\ 1 \\ 1 \end{bmatrix} = \begin{bmatrix} -0.4000 \\ -1.0000 \\ 1.4000 \end{bmatrix}$$

それぞれ反応数が 5 であるので

$$\begin{bmatrix} X(L) \\ X(M) \\ X(H) \end{bmatrix} = \begin{bmatrix} -0.4000 \div 5 \\ -1.0000 \div 5 \\ 1.4000 \div 5 \end{bmatrix} = \begin{bmatrix} -0.0800 \\ -0.2000 \\ 0.2800 \end{bmatrix}$$

ステップ 7　これらの重みによる平均値を求める。

$$N = [5 \times (-0.0800) + 5 \times (-0.2000) + 5 \times 0.2800]/15 = 0.0000$$

ステップ 8　$N=0.0000$ により，平均値の修正はいらない。

ステップ 9　X の値をその中で一番大きな絶対値 0.2800（$g(x)$ で示す）で割り，その結果をまた X で示す。

$$\begin{bmatrix} X(L) \\ X(M) \\ X(H) \end{bmatrix} = \begin{bmatrix} -0.0800 \div 0.2800 \\ -0.2000 \div 0.2800 \\ 0.2800 \div 0.2800 \end{bmatrix} = \begin{bmatrix} -0.2857 \\ -0.7143 \\ 1.0000 \end{bmatrix}$$

上の ステップ2 から ステップ9 までを繰り返し行い，6 個の数値がすべてそれぞれの値で収束するまで続ける。練習のために，この繰り返しをもう一度続けよう。

ステップ 2 の繰り返し 1　まず得点と平均値を求める。

$$-0.2857 \begin{bmatrix} 2 \\ 1 \\ 2 \end{bmatrix} - 0.7143 \begin{bmatrix} 0 \\ 4 \\ 1 \end{bmatrix} + 1 \begin{bmatrix} 3 \\ 1 \\ 1 \end{bmatrix} = \begin{bmatrix} 2.4286 \\ -2.1429 \\ -0.2857 \end{bmatrix}$$

$$\begin{bmatrix} Y(low) \\ Y(med) \\ Y(high) \end{bmatrix} = \begin{bmatrix} 2.4286 \div 5 \\ -2.1429 \div 6 \\ -0.2857 \div 4 \end{bmatrix} = \begin{bmatrix} 0.4857 \\ -0.3572 \\ -0.0714 \end{bmatrix}$$

ステップ3と4は計算の大きな誤りのない限り必要がないので省略してよい。

ステップ5の繰り返し1　これらをその中で一番大きな絶対値($g(y)$で示す)で割り，それをまた Y で示す。$g(y)=0.4857$ であるので，

$$\begin{bmatrix} Y(low) \\ Y(med) \\ Y(high) \end{bmatrix} = \begin{bmatrix} 0.4857 \div 0.4857 \\ -0.3572 \div 0.4857 \\ -0.0714 \div 0.4857 \end{bmatrix} = \begin{bmatrix} 1.0000 \\ -0.7354 \\ -0.1470 \end{bmatrix}$$

ステップ6の繰り返し1　これらを重みとして使って，今度は身長が低い，平均並み，高いの得点を計算し，平均値 $X(L)$，$X(M)$，$X(H)$ を出す。

$$1\begin{bmatrix} 2 \\ 0 \\ 3 \end{bmatrix} - 0.7354 \begin{bmatrix} 1 \\ 4 \\ 1 \end{bmatrix} - 0.1470 \begin{bmatrix} 2 \\ 1 \\ 1 \end{bmatrix} = \begin{bmatrix} 0.9706 \\ -3.0886 \\ 2.1176 \end{bmatrix}$$

$$\begin{bmatrix} Y(low) \\ Y(med) \\ Y(high) \end{bmatrix} = \begin{bmatrix} 0.9706 \div 5 \\ -3.0886 \div 5 \\ 2.1176 \div 5 \end{bmatrix} = \begin{bmatrix} 0.1941 \\ -0.6177 \\ 0.4235 \end{bmatrix}$$

ステップ7と8は省略

ステップ9の繰り返し1　X の値を，その中で一番大きな絶対値 0.6177 ($g(x)$ で示す)で割り，その結果をまた X で示す。

$$\begin{bmatrix} X(L) \\ X(M) \\ X(H) \end{bmatrix} = \frac{1}{0.6177} \begin{bmatrix} 0.1941 \\ -0.6177 \\ 0.4235 \end{bmatrix} = \begin{bmatrix} 0.3143 \\ -1.0000 \\ 0.6857 \end{bmatrix}$$

これをさらに続けるとやがて計算過程が収束する。繰り返しと計算結果をまとめると表 2.4 が得られる。

　この例題では，6回目の繰り返しで収束が見られる。このとき得られる最大の絶対値 $g(y)$，$g(x)$ の積は固有値(eigen value, ρ^2)とよばれる重要な統計量で，最適な行と列の重みをデータ解析に使うときの情報量を示す。また固有値は数量化では相関比，η^2 ともよばれる。$g(y)$，$g(x)$ の積の幾何平均(平方根)は特異値(singular value, ρ)という統計量であることが知られている(Nishisato, 1988 c)。固有値と特異値は多次元データ解析ではもっとも重要な統

2-3 分割表のための交互平均法：データへの線形回帰

表 2.4 交互平均法の収束過程

繰り返し	0	1	2	3	4	5	6
$Y(low)$	0.8000	1.0000	1.0000	1.0000	1.0000	1.0000	1.0000
$Y(med)$	0.0000	−0.7353	−0.9309	−0.9544	−0.9569	−0.9572	−0.9572
$Y(high)$	−1.0000	−0.1471	0.1463	0.1817	0.1854	0.1858	0.1858
$g(y)$	0.2500	0.4857	0.5371	0.5239	0.5225	0.5224	0.5224

繰り返し	0	1	2	3	4	5	6
$X(L)$	−0.2857	0.3143	0.3807	0.3875	0.3882	0.3882	0.3883
$X(M)$	−0.7143	−1.0000	−1.0000	−1.0000	−1.0000	−1.0000	−1.0000
$X(H)$	1.0000	0.6857	0.6193	0.6125	0.6118	0.6118	0.6117
$g(x)$	0.2800	0.6176	0.7154	0.7272	0.7285	0.7286	0.7286

計量で，これから徐々に紹介していきたい。

　例題の場合，固有値は $\rho^2=0.5224\times 0.7286=0.3806$，特異値は $\rho=0.6169$，固有値の平方根である。固有値は数量化における分散で成分の情報量といわれる。特異値は数量化によって得られる血圧と身長の最大の相関係数で，リッカート法では−0.21だった相関が数量化により0.62まで上がったということになる。これらの統計量の他の役割については後ほど詳しく見ていこう。

　この例題ではステップ3と7で平均値が0になりその後でも修正が必要なかったが，たとえば初期値として−1，0，1の代わりに，1，2，3を使うと初めの平均値はゼロとならず，修正が必要になる。方法の一般化のためにステップ3と7を入れた。

　この例題で2個の質問のそれぞれ3選択肢の重みが徐々に計算とともに変わっていく様子が表2.4で見られる。そして最終的な重み，つまり最適な重みがリッカート方式の重みと如何に違うかを吟味して欲しい。ここでは比較のためリッカートの重みも1，2，3をそれぞれ−1，0，1に変えるのがよい。これまでに何回も述べたようにリッカート法の得点というのは，データを見る前に決めた主観的な得点法である。それがデータに照らし合わせた時どのように変化するかを示すのが交互平均法の連続的修正で，その最終的な得点が双対尺度法などの数量化の方法で求める最適の重みである。

2-4 単位と原点の選択

このようにして求められた最適の重みには単位と原点が与えられていない。これまで比率測度が演算に必要であることを述べてきたが，残念ながら数量化で得られる測度は絶対原点を欠くもので間隔測度にとどまる。これは絶対原点を求めるための情報がデータに含まれていないことによる。しかし便宜上の原点は単位とともに数値の決定に必用で，これらは通常次のように決められる。いま $m \times n$ の分割表の i 行の最適重みを y_i，列の最適重みを x_j で示し，反応数の総和を f_t とすると

$$\sum_{i=1}^{m} f_i \cdot y_i^2 = \sum_{j=1}^{n} f_{\cdot j} x_j^2 = f_t \cdots 重み付けられた反応の2乗和（単位の設定）$$

$$\sum_{i=1}^{m} f_i \cdot y_i = \sum_{j=1}^{n} f_{\cdot j} x_j = 0 \cdots 重み付けられた反応の和（原点の設定）$$

原点を0にすることはすでに交互平均法で行っているので，我々がしなくてならないことは単位の設定である。いま仮に2行の度数が2, 8, したがって総度数は10, 2行の重みがそれぞれ 3.2, -0.8 であるとしよう。$2 \times 3.2 + 8 \times (-0.8) = 0$ で原点が0となっている。これらの重みが単位として第一の式を満たすように重みを調整するには次のようにすればよい。現在の重み 3.2, -0.8 に定数 c を掛ける。ただし

$$c = \sqrt{\frac{10}{2 \times (3.2)^2 + 8 \times (-0.8)^2}} = \sqrt{\frac{10}{20.48 + 5.12}} = \sqrt{\frac{10}{25.60}}$$
$$= \sqrt{0.390625} = 0.625$$

調整された重みはそれぞれ $0.625 \times 3.2 = 2.000$, $0.625 \times (-0.8) = -0.500$。したがって，調整された重みは次のように第一の式を満たす。

$$\sum_{i=1}^{2} f_i \cdot y_i^2 = 2 \times 2.000^2 + 8 \times (-0.500)^2 = 8.000 + 2.000 = 10.000$$

この式を一般化すればよい。つまり交互平均法で得られた行の重み y_i，列の重み x_j にそれぞれ次式で与えられる定数 c_m, c_n をかけてやれば単位設定の条件が満たされる。

$$c_m = \sqrt{\frac{f_t}{\sum_{i=1}^{m} f_i \cdot y_i^2}}, \quad c_n = \sqrt{\frac{f_t}{\sum_{j=1}^{n} f_{\cdot j} x_j^2}}$$

上の例の場合

$$c_m = \sqrt{\frac{15}{5 \times 1^2 + 6 \times (-0.9572)^2 + 4 \times 0.1858^2}} = 1.1876$$

$$c_n = \sqrt{\frac{15}{5 \times 0.3883^2 + 5 \times (-1)^2 + 5 \times 0.6117^2}} = 1.4026$$

したがって数量化で得られた行と列の重みは

$$\begin{bmatrix} Y(low) \\ Y(med) \\ Y(high) \end{bmatrix} = \begin{bmatrix} 1.1876 \\ -1.1368 \\ 0.2207 \end{bmatrix}, \quad \begin{bmatrix} X(L) \\ X(M) \\ X(H) \end{bmatrix} = \begin{bmatrix} 0.8580 \\ -1.4026 \\ 0.5446 \end{bmatrix}$$

これらの重みは「正規化された重み」(normed weight)(Nishisato, 1980 a)，あるいは「標準座標」(standard coordinate)(Greenacre, 1984)と呼ばれる．これに対して，相対的な重みを示す特異値を掛けたものは「射影された重み」(projected weight)(Nishisato, 1980 a)，あるいは「主軸座標」(principal coordinate)(Greenacre, 1984)とよばれ，後者がデータの解釈，特に多次元解の比較に用いられる．これらの重みは，

$$\rho \begin{bmatrix} Y(low) \\ Y(med) \\ Y(high) \end{bmatrix} = 0.6169 \begin{bmatrix} Y(low) \\ Y(med) \\ Y(high) \end{bmatrix} = \begin{bmatrix} 0.7326 \\ -0.7013 \\ 0.1361 \end{bmatrix},$$

$$\rho \begin{bmatrix} X(L) \\ X(M) \\ X(H) \end{bmatrix} = \begin{bmatrix} 0.5293 \\ -0.8653 \\ 0.3359 \end{bmatrix}$$

正規化された重みと射影された重みの違いは，後ほど徐々に明らかになるが，ここではデータの解釈には射影された重みを使うことを述べておこう．これらの重みを吟味してデータの解釈をする前にもう少しこの先のデータ解析の流れを見ておこう．

2-5 多次元解析

上で得られた行と列に対する最適の重み，つまり射影された重みだけでデータを完全に説明し尽くすことができれば理想的であるが，現実のデータ解析ではそのようなケースはまず見当たらない．最適の重み(これを第1成分とよぶ)でも取り残した情報があるというのが通常のケースである．この場合，次の課題は最初の最適の重みが取り残した情報を一番効率よく説明するための行と列の重み(第2成分)は何か，という問題である．第2成分は第1成分が説明しない情報を説明するので，これらの成分は独立であるという．数量化のデータ解

析は，このようにして，データの全情報が説明されるまで第3成分，第4成分と重みの抽出を続け，やがてデータに含まれる全情報が説明し尽くされる。これを多次元解析とよぶ。成分の総数（T_{comp}）は分割表の大きさによって決まるもので $m \times n$ の分割表の場合，

$$T_{comp} = \min(m, n) - 1$$

ただし $\min(m, n)$ は m と n のうちの小さな数をさす。したがって，5×6 の分割表の総成分数は4，3×12 の分割表の場合は2個の成分が抽出される。

数量化では，たとえば 3×3 の行列の場合，行 i 列 j の度数 f_{ij} を次式のようにその構造を独立成分に分解する。

$$f_{ij} = \frac{f_{i\cdot} f_{\cdot j}}{f_t} [1 + \rho_1 y_{i1} x_{j1} + \rho_2 y_{i2} x_{j2}]$$

これが分割表の構造式「2変数線形構造式」（bilinear form）である。括弧のなかの1は行と列が独立な場合，次の項はデータと独立の場合の差をもっともよく説明，記述する数量化の第1成分の寄与分，次の項は残差を説明する第2成分の寄与を示すものである。もっと一般的にいえば，データと独立の場合の差をもっともよく説明してくれるものが第1成分で，そのときの行と列の重みが上の交互平均法で求めたものである。第2成分を求めるには，第1成分が説明した部分をデータ（度数）から差し引いて残差を計算する。すなわち

$$f_{ij} = \frac{f_{i\cdot} f_{\cdot j}}{f_t} [1 + \rho_1 y_{i1} x_{j1}]$$

これを交互平均法にかけ，そこで出てくる最適の重みが第2成分である。ただし，この際にも $f_{i\cdot}$，$f_{\cdot j}$ を行 i，列 j の周辺度数として平均値の計算に用いる。第2成分は計算しなかったが例題のデータは第1，第2成分で完全に説明しつくされるもので，そのときの計算結果は表2.5に示すとおりである。

表 2.5 例題の数量化の解析結果

	1		2	
固有値（ρ^2）	0.3806		0.0394	
射影値	$\rho_1 y$	$\rho_1 x$	$\rho_2 y$	$\rho_2 x$
1	0.1361	0.3359	−0.3263	−0.2591
2	−0.7013	−0.8653	0.0905	0.0359
3	0.7326	0.5293	0.1524	0.2232

2-5 多次元解析

データ解析では情報という言葉がよく使われる。情報の一つの定義はデータの散らばりである。たとえば全員同じ点数をとった場合，点数の散らばりがないので情報は 0 となる。そのようなテストは個人差に関する情報を与えてくれないということで，そのテストの情報量は 0 であるという。このように分散という統計量を情報量と定義することが多い。この定義を用いると例題の場合，第 1 成分が担う情報量は，その固有値 ρ_1^2，第 2 成分が担う情報量は ρ_2^2 で示される。この和をデータの総情報量(I_{total})という。もっと一般に $m \times n$ の分割表の場合，総情報量は次式で表される。

$$I_{total} = \sum_{k=1}^{\min(m,n)-1} \rho_k^2 = \frac{\chi^2}{f_t} - 1$$

ここで f_t は分割表の総度数，χ^2 はカイ 2 乗とよばれる統計量で次式で与えられる。

$$\chi^2 = \sum_{i=1}^{m}\sum_{j=1}^{n}\frac{(f_{ij}-f_{ij}^*)^2}{f_{ij}^*} \quad \text{ただし} \quad f_{ij}^* = \frac{f_{i\cdot}f_{\cdot j}}{f_t}$$

情報という観点からみると数量化の第 1 成分は ρ_1^2 を最大にするように行と列の重みを決定することにより得られる。第 1 成分でデータが完全に説明できない場合は，残差をもっともよく説明するような第 2 成分，つまり ρ_2^2 が最大になるような行の重み，列の重みを決定する。交互平均法の説明に使った例題では第 2 成分を計算しなかったが，結果だけを述べると $\rho_1^2 = 0.3806$，$\rho_2^2 = 0.0394$，したがって説明度をパーセントで示す統計量デルタ δ は

$$\delta_1 = \frac{100\rho_1^2}{\rho_1^2 + \rho_2^2}, \quad \delta_2 = \frac{100\rho_2^2}{\rho_1^2 + \rho_2^2}$$

この式を用いると例題の場合，第 1 成分が 90.62%，第 2 成分が 9.38% の情報を説明しているということになる。

これら 2 成分の重みを座標として行と列のカテゴリーを 2 次元のグラフに示すと図 2.1 が得られる。このグラフの描き方は理論的には不正確で，大雑把な

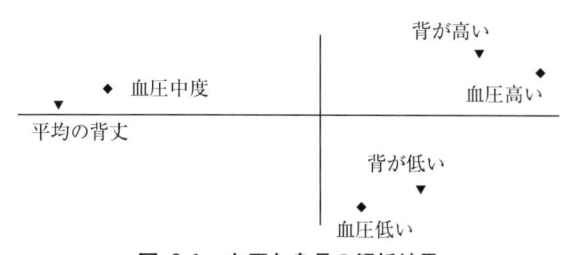

図 2.1 血圧と身長の解析結果

関係を見るための便宜的な簡便法であると考えていてほしい。この問題は後ほど詳しく解説する。このデータは人工データであるので，グラフがどのような意味を持つかの検討は無意味なので省略する。グラフの意味は次の例題で見よう。

2-6 クレッチマーの気質体型論データの解析

　表2.1のデータを解析しよう。これは3×5の分割表であるので2個の成分で表が完全に説明されるはずである。このようなデータが与えられたとき，まずクレッチマーがいうように気質と体型には関連があるかを調べる。このためにはデータの行と列の関連をカイ2乗で検定し，その関連が統計的に有意であるかないかを調べる。これはデータの度数と行と列が独立の場合の度数の差を検定するもので，カイ2乗統計量は分割表の情報量のところで見たように次式のとおりである。

$$\chi^2 = \sum_{i=1}^{m}\sum_{j=1}^{n}\frac{(f_{ij}-f_{ij}{}^*)^2}{f_{ij}{}^*} \quad \text{ただし} \quad f_{ij}{}^* = \frac{f_{i\cdot}f_{\cdot j}}{f_t}$$

この統計量は理論的分布が知られており，それを用いるとデータとしての度数 f_{ij} が行と列が独立である理論分布からのランダムサンプルであるという確率を計算することができる。この統計量は $m\times n$ の分割表に対して定義されたもので，その確率は表の大きさに関連した自由度という数値に左右される。自由度(df)は $df=(m-1)(n-1)$ で与えられる。これをカイ2乗検定の表に入れると検定に必要な確率が得られる。

　クレッチマーのデータに対してカイ2乗検定で気質と体型の関連を調べよう。表2.1のデータの周辺度数を用いて行と列が独立な場合の度数を計算すると次の表(表2.6)が得られる。

表 2.6　行と列が独立な場合の期待度数

		体　型				
		小太り	瘦せ型	筋力型	不均衡	その他
気質	躁うつ気質	282.0	549.3	236.8	169.3	122.6
	分裂気質	1084.8	2113.3	911.0	651.3	471.6
	てんかん気質	312.2	608.3	262.2	187.5	135.8

2-6 クレッチマーの気質体型論データの解析

したがってカイ2乗統計量は上の式により

$$\chi^2 = \frac{(879-282.0)^2}{282.0} + \frac{(261-549.3)^2}{549.3} + \frac{(91-236.8)^2}{236.8}$$

$$+ \frac{(15-169.3)^2}{169.3} + \frac{(114-122.6)^2}{122.6} + \frac{(717-1084.8)^2}{1084.8}$$

$$+ \frac{(2632-2113.3)^2}{2113.3} + \frac{(884-911.0)^2}{911.0} + \frac{(549-651.3)^2}{651.3}$$

$$+ \frac{(450-471.6)^2}{471.6} + \frac{(83-312.2)^2}{312.2} + \frac{(378-608.3)^2}{608.3}$$

$$+ \frac{(435-262.2)^2}{262.2} + \frac{(444-187.5)^2}{187.5} + \frac{(166-135.8)^2}{135.8}$$

$$= 2643.40$$

自由度は $df = (3-1)(5-1) = 8$。カイ2乗検定の表を見ると，自由度が8であるとき観測された度数が行と列が独立な集合からのランダムサンプルであれば，カイ2乗値が15.51より大きくなる確率は0.05(5%)であることがわかる。つまり，カイ2乗値がこの例のように2643.40というのは臨界値15.51よりはるかに大きいので行と列は独立であるという仮説を受け入れることができない。つまりこのデータの場合，行と列の変数間には5パーセントで有意な連関があるということになる。しかし，このカイ2乗検定では，どのような関連があるのかには触れていない。

大雑把にいって分割表の数量化ということは，このような行と列の間の有意な連関をさらに独立成分に分解してどのような連関の型が含まれているかを評価するものである。このデータは3×5であるので，2個の成分で関連が完全に説明されるはずである。

これまで見た限りでもわかるように，数量化の計算はかなり労力を必要とする。計算にはコンピューターが不可欠である。本書では計算のためのフローチャートを示すにとどまり，それに基づいて計算されたDUAL 3 (Nishisato & Nishisato, 1994)のアウトプットをみてデータ解析の解釈をしていきたい。

クレッチマーのデータ
```
    879    261     91     15    114
    717   2632    884    549    450
     83    378    435    444    166
```

行和   1360 5232 1506

列和   1679 3271 1410 1008   730

0次近似（行と列が独立な場合の期待度数）
```
    282.0    549.3    236.8    169.3    122.6
   1084.8   2113.3    911.0    651.3    471.6
    312.2    608.3    262.2    187.5    135.8
```

残差行列　（データと0次近似の差）
```
    597.0   -288.3   -145.8   -154.3     -8.6
   -367.8    518.7    -27.0   -102.3    -21.6
   -229.2   -230.3    172.8    256.5     30.2
```

行と列の連関に関するカイ2乗値 ＝ 2643.40、自由度 ＝ 8 WITH 8、
　　確率0.05の水準で有意

残差行列が求められたら、これと行和、列和を用いて交互平均法により第1成分の行と列の最適の重みと特異値（数量化で得られる相関）を用いて1次近似を求める。

1次近似　（0次近似と第1成分で説明されるデータの部分）
```
    859.9    357.5     65.8    -30.6    107.4
    801.0   2207.5    995.0    749.4    479.1
     18.1    705.9    349.3    289.2    143.5
```

残差行列（データと1次近似の差）
```
     19.1    -96.5     25.2     45.6      6.6
    -84.0    424.5   -111.0   -200.4    -29.1
     64.9   -327.9     85.7    154.8     22.5
```

第1次元における行と列の連関のカイ2乗 ＝ 2417.73、自由度 5
　　確率　0.05　の水準で有意

残差行列の交互平均で2次近似を求める。

2次近似（0次、1次と第2成分で説明されるデータの部分）
```
    879.0    261.0     91.0     15.0    114.0
    717.0   2632.0    884.0    549.0    450.0
     83.0    378.0    435.0    444.0    166.0
```

残差行列（データと2次近似の差：すべての要素が0、データの完全な説明）
```
      0.0      0.0      0.0      0.0      0.0
      0.0      0.0      0.0      0.0      0.0
      0.0      0.0      0.0      0.0      0.0
```

第2次元における行と列の連関のカイ2乗 ＝ 571.61、自由度　3
　　確率　0.05　の水準で有意

2-6 クレッチマーの気質体型論データの解析

まとめの統計量（この解析の主要な統計量）

解（次元、成分）	1	2
相関比（固有値）	0.2582	0.0682
最大の相関（特異値）	0.5082	0.2611
デルタ（%）	79.11	20.89
累積デルタ（%）	79.11	100.00

行の射影された重み（主軸座標）

行	成分1	成分2
1	-1.0890	0.1571
2	0.1390	-0.1796
3	0.5005	0.4820

列の射影された重み（主軸座標）

列	成分1	成分2
1	-0.9564	0.1126
2	0.1629	-0.2921
3	0.3371	0.1771
4	0.5509	0.4474
5	0.0579	0.0898

このアウトプットから2個の成分でデータの行と列の連関が説明され，データの情報は第1成分がほぼ79％，第2成分が21％の説明度を示している。

数量化ではデータの解釈にグラフが広く用いられる。幾何学的には行変数と列変数の空間が一般にずれているので，たとえば行変数を列変数の空間に射影するか，列変数を行変数の空間に射影するかということが考えられるが，結果は必ずしも解釈しやすいグラフにはならない。その対処法として正確ではないが両者を同一の空間にプロットし，それから行と列の変数の関係を大まかに把握するというグラフ法（これを対称グラフ法，またはフレンチプロットとよぶ）が一般に使われている。行変数，列変数の隔たりにより，このグラフからは行変数と列変数の距離は正確に計算できない。実際には行変数と列変数の距離の計算は可能で，これに関しては8章で再検討する。ここでは対称グラフ法によ

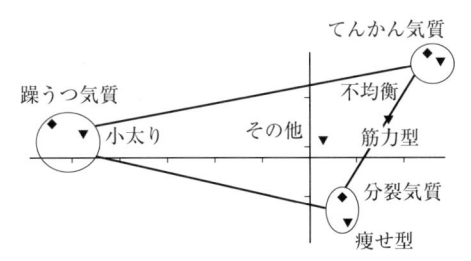

図 2.2 クレッチマーのデータの2次元空間の対称グラフ

るものを見ながら解析結果を検討しよう(図 2.2)。

このグラフを見ると大雑把にいって躁うつ気質と小太りの体型が一つのクラスターを構成している。そのほかのものは比較的近在しているが，あえて言うならてんかん気質は不均衡な体型，分裂気質は痩せ型というクラスターが見られる。これらはクレッチマーの体型論が予測している気質と体型の関係である。このように数量化の方法は気質と体型に有意な関係があるというカイ 2 乗検定の結果をさらに細かい連関関係に解析する。

2-7　計算の流れと術語に関するノート

この章で初めて数量化の計算過程を辿った。本書では種々のデータの数量化を取り上げるが，データの種類によって数量化の計算過程は若干異なる。しかし数量化の基本的な考えは同じであるので，むしろ計算過程が似ている方が異なっている側面よりはるかに大きい。この章で主な計算過程を検討したので，本章以後では計算過程の検討は新しい計算過程のみに絞る。

分割表の数量化における計算の基本的な側面をまとめると，次の通りである。

(データから交互平均法で成分の抽出) → (原点と単位の調整)
→ (残差の計算) → (残差表から交互平均法で成分の抽出)
→ (原点と単位の調整) → (残差の計算)

という過程が基本となり，その中心は交互平均法を繰り返し応用することである。これをさらに詳しく記述すると，数量化は次の過程を取る。

ステップ 1　分割表の場合，2 分表のデータがそのまま解析の対象になる（フランス流のコレスポンデンスアナリシスでは分割表の度数を比率に換算したものを解析の対象とするが数量化の結果には変わりがない）。

ステップ 2　行数，列数，行和，列和，総度数を計算する。

ステップ 3　$m \times n$ の分割表から行と列が独立な場合に期待される分割表（0 次近似）を差し引き，独立性を検定するカイ 2 乗統計量を計算する。

ステップ 4　残差行列を交互平均法にかけ，固有値を最大にする成分(固有値，特異値，行の重み，列の重み)を抽出する。

2-7 計算の流れと術語に関するノート

ステップ5　残差行列から今算出された成分を除き，その残差行列を計算する．成分の数が $\min(m, n) - 1$ に達していない場合，ステップ4にもどる．

ステップ6　各成分の行と列の重みの原点と単位を設定し，それに基づき行の重み，列の重みを計算する．

ステップ7　成分を対として結果をグラフ表示して解釈の手助けとする．

分割表の数量化の目的は行と列に重みを与えて行と列の関連を効率よく解析することである．その計算の要点は交互平均法で，これにはプログラムが必要である．のちほどこの漸近的近似法である交互平均法ではなく，もっと複雑ではあるが直接数学的に成分を求める方法を紹介する．

多次元分解に関して分解式としてデータが3×3の場合の2変数線形構造式を見てきたが，それを一般化すると次式のとおりである．

$$f_{ij} = \frac{f_{i\cdot} f_{\cdot j}}{f_t} [1 + \rho_1 y_{i1} x_{j1} + \rho_2 y_{i2} x_{j2} + \cdots + \rho_K y_{iK} x_{jK}]$$

ただし $K = \min(m, n) - 1$ である．この式には無意味解とよばれる成分があり，これは先にも触れたように行と列が独立な場合の成分で，この成分は括弧内の最初の項の1によって示されるものでこの無意味解では特異値，行の重み，列の重みがデータとは無関係に常にすべて1の値をとる．数量化ではこの無意味な成分を除いた部分を多次元分解する．

各成分の最適の重みは交互平均法により漸近的に計算したが，データの数学的な多次元分解では固有値(eigen value, proper value, characteristic root)と特異値(singular value)という術語が出てくる．これらはデータの母数ともいえる重要な数量である[*2)]．これらの統計量は交互平均法では結果が安定した段階で(表2.4では6回の繰り返しで収束)得られる．先に述べたように，その時点で最大の絶対値 $g(y)$, $g(x)$ の積は固有値(eigen value: ρ^2)，数量化では相関比(η^2)とよばれる統計量で，数量化されたデータの分散，あるいは情報量を示す統計量であり，$g(y)$, $g(x)$ の幾何平均は特異値(singular value: ρ)とよばれ，行と列の間の相関を示す統計量である(Nishisato, 1988c)．数値例の場合，固有値は $\rho^2 = 0.5224 \times 0.7286 = 0.3806$，特異値は $\rho = 0.6169$ で

[*2)]　これらの術語の説明には紙数が足りないので，西里(2007b)の78-82ページの付録1　分散，主軸，固有値，相関係数(1. 2次元空間の分散，2. 合成得点の分散，3. 主軸と固有値と合成得点の関係，4. 線型結合の一般化，5. 主成分分析，6. 直交座標系と相関)および付録2の2次関数と主軸をぜひ通読して欲しい．

あった。特異値は数量化によって得られる血圧と身長の最大の相関係数で，リッカート法では-0.21だった相関が数量化によるデータの変換で0.62まで上がっている。

分散(情報量)を示す固有値は各成分がデータの全情報をどれだけ説明するものであるかという統計量デルタ(δ)の定義にも用いられた。成分がK個あるデータで成分pが説明するデータの情報はδ_pで与えられる。ただし

$$\delta_p = \frac{\rho_p{}^2 \times 100}{\sum_{k=1}^{K} \rho_k{}^2}$$

2変数線形構造式は分割表の数量化の式に他ならない。この式が成り立つとき，最適の行の重みと列の重みには特異値を介して各成分で双対の関係が常に成り立つ。双対の関係とは次式で示されるものである。

$$y_{ik} = \frac{1}{\rho_k} \frac{\sum_{j=1}^{n} f_{ij} x_{jk}}{f_i}, \qquad x_{jk} = \frac{1}{\rho_k} \frac{\sum_{i=1}^{m} f_{ij} x_{ik}}{f_j}$$

最適の行の重みは，最適の列の重みをかけて計算した行の平均値(射影値)に比例乗数をかけたもの，最適の行の重みは，最適の行の重みをかけて計算した列の平均値(射影値)に比例乗数をかけたものになっている。これを書き換えると次の式が得られる。

$$\rho_k y_{ik} = \frac{\sum_{j=1}^{n} f_{ij} x_{jk}}{f_i}, \qquad \rho_k x_{jk} = \frac{\sum_{i=1}^{m} f_{ij} x_{ik}}{f_j}$$

この関係から行と列が互いの平均値の関係になるのは特異値が1の場合に限られることになる。互いの平均値関係ということは，たとえば多肢選択データの場合には被験者の多次元空間の位置というのはその被験者が選んだ選択肢の位置の重心点であり，ある選択肢の位置はその選択肢を選んだ多数の被験者の位置の重心点であるということになる。このような関係が成り立つなら，つまり行と列の相関が1であれば，行変数と列変数は同じ空間に布置するので行変数と列変数を同じグラフに表現できる。しかし現実には特異値が1というのは無意味な成分の時だけであり，逆にいえば，行変数が布置する多次元空間と列変数が布置する多次元空間は同一ではなく，両者を一つのグラフに示すことは正確さを欠くということになる。この問題については数量化をもっと検討してから再検討しよう。

数量化というのは固有値，特異値の統計量を最大にする数学的操作で，その目的は可能な限りの情報量を解析の対象にすることにある。もとのデータの分

散(情報)が変数に幅広く拡散しているのに対し，数量化の役割はそれらの分散を第1成分にできる限り収納しようというものである．そして第1成分の分散が固有値であるから，数量化は行と列の重みを操作して第1成分の分散(情報)を最大にしようという操作である．

特異値は行変数と列変数が達することのできる最大の相関値であるが，このほかにも行変数を列変数の空間に，あるいは列変数を行変数の空間へ射影するための射影子という統計量でもある．これは上の双対の関係式で，平均値(射影値)が最適の重みに特異値をかけたものであるという関係から，特異値というのは射影子であるということになる．これはグラフの問題を検討するときの幾何学的考察に関連するものなので，詳しいことは後ほど見よう．

演習問題 2．

2-1 交互平均法の初期値は任意な値でよいといわれている．しかし，たとえばカテゴリーが3個ある場合，初期値として 0, 0, 0 というのは適当でない．なぜか？

2-2 初期値として同じ重み(たとえば，1, 1, 1)を用いるのもあまり薦めることができない．なぜか？

2-3 次のデータを交互平均法にかけ，行と列の最適の重み，固有値，特異値を求めよ．二組の4個の初期値を用い，最適の重み，固有値，特異値などは初期値とは無関係であること，つまり最適解は初期値とは独立であることを数値により証明せよ．

$$\begin{bmatrix} 0 & 1 & 3 & 6 \\ 0 & 2 & 5 & 3 \\ 1 & 6 & 2 & 1 \\ 5 & 3 & 2 & 0 \end{bmatrix}$$

2-4 行と列が独立な場合の分割表を数量化にかけるとどのような結果が得られるか，例をあげて説明せよ．

3章

多肢選択データの解析

3-0 はじめに

　数量化はデータの記述にもっとも適した数量を分割表の場合には行と列に与える方法であること，そしてその計算には交互平均法という漸近的数値解析法があることを検討した。そして「もっとも適した」という条件下に決められた重みは双対の関係という条件を満たすこと，そしてデータは通常多次元構造を持つこと，その構造を記述する母数としての固有値，特異値という概念に触れた。また多次元空間への情報の分散を示すデルタ(δ)という統計量も紹介された。同じ考えが分割表の解析のみならず，ほかのデータにも適用できることをこの先見ていきたい。本章では第1章で用いた多肢選択データの数量化を考えよう。多肢選択データは分割表に似ているが，数量化の観点からは区別して考えるだけ独自の多くの興味ある問題を内包している。

3-1 多肢選択データ

　分割表は前章の例でもわかるように2個の多肢選択質問に対する返答をまとめたものである。たとえばクレッチマーのデータも次の二つの多肢選択質問で得られたといえよう。
　問1：この被験者の気質は？
　　　(1) 躁うつ気質 [ ]，　(2) 分裂気質 [ ]，　(3) てんかん気質 [ ]
　問2：この被験者の体型は？
　　　(1) 小太り [ ]，　(2) 痩せ型 [ ]，　(3) 筋力型 [ ]，
　　　(4) 不均衡 [ ]，　(5) その他 [ ]
このような多肢選択質問により8098人の被験者からデータを集めたのがクレ

ッチマーのデータである。

これに対して我々が一般に多肢選択データとよんでいるものは2個以上の多肢選択質問に対するデータである。一般的な考えでは，たとえば選択肢の数がそれぞれ a, b, c 個の3問の多肢選択データであれば $a \times b \times c$ の3元分割表を想定してデータを表現するであろう。この場合，その構造式として考えられるものは分割表の構造式を3元にして次のようになる。

$$f_{ijk} = \frac{f_{i..} f_{.j.} f_{..k}}{f_t} [1 + \rho_1 y_{i1} x_{j1} z_{k1} + \rho_2 y_{i2} x_{j2} z_{k2} + \cdots + \rho_s y_{is} x_{js} z_{ks}]$$

同様に4問の多肢選択データであれば $a \times b \times c \times d$ の4元分割表を想定し4元の構造式を考えることができる。しかしこの表現形式で多元分割表を構成すると数量化が大変複雑になり，最適の重みの計算が困難になる。計算上の困難だけでなく，多元分割表ではコマの数が途方もなく大きくなり，データの表の大半が0でうずめられる可能性が大きい。たとえば，選択肢の数がそれぞれ5，6，7個の3問を使って50人の被験者からデータを集めたとしよう。これは大きなデータというよりは，むしろ小さなデータである。それなのにデータの分割表は $5 \times 6 \times 7$ で210のコマがあり，50人からの回答をまとめると，最小の場合でも160のコマ（=210-50）は0で埋められる。このような小さいデータでもこの結果である。多肢選択の質問数が30もあるものでは，多数の被験者から集められたデータでも大多数のコマが0になることは容易に考えられる。しかも解析が大変複雑な漸近近似を含むことになり計算過程が収斂するか否かもわからない。

そこで考えられたのが，多元分割表による表現ではなく，被験者×選択肢の反応パターンによる表現である。これを用いて第1章で使った表1.1の6個の質問と表1.2の15人からのデータを考えてみよう。これに対する表1.1のデータは数量化の場合，次のように反応パターンに変換される（表3.1）。

第1章で述べたように，リッカート方式の場合には，1，2，3という等間隔の得点を選択肢の得点として用いるのに対して，ここでは各質問に対する反応パターン $(1, 0, 0)$，$(0, 1, 0)$，$(0, 0, 1)$（それぞれ最初の選択肢，第2の選択肢，第3の選択肢を選んだ）で示し，6問の18個の選択肢にどのような重みを与えるべきかという問題に切り替えられる。したがって一般には間隔測度か順位測度の役割を果たすと考えられるリッカート方式は数量化では名義測度に水準を下げて解析することになる。

3-2 数量化の枠組みと計算の流れ

表 3.1 数量化のためのデータ

被験者	123	123	123	123	123	123
1	100	001	001	001	100	100
2	100	001	100	001	010	001
3	001	001	001	001	100	001
4	001	001	001	001	100	100
5	010	100	010	010	001	010
6	010	100	010	001	001	100
7	010	010	010	100	100	001
8	100	001	100	001	100	001
9	010	010	010	100	100	010
10	100	001	010	010	100	001
11	010	100	100	001	010	010
12	010	001	100	001	010	010
13	001	001	001	001	001	100
14	100	001	100	010	100	010
15	001	001	001	001	100	010

3-2 数量化の枠組みと計算の流れ

データの表現形式が変わると，それに対応する数量化の統計量にも新しいものが現れる．しかし多肢選択データの数量化における計算の基本的な側面は分割表の場合と変わらない．すなわち，

  (反応パターンで示されたデータから交互平均法で成分の抽出)
  → (原点と単位の調整) → (残差の計算)
  → (残差表から交互平均法で成分の抽出) → (原点と単位の調整)
  → (残差の計算)

という過程が基本となり，その中心は交互平均法を繰り返し応用することである．しかしデータの形が違うので，多肢選択データの構造の記号を導入しよう．まず被験者の数を N，多肢選択項目数を n，項目 j の選択肢の数を m_j，n 項目の選択肢の総和を

$$m = \sum_{j=1}^{n} m_j$$

で示す．そうすると $N \times m$ の反応パターン表の数量化で取り出せる成分の数

(T_comp) は

$$T_\mathrm{comp} = m - n$$

ただし被験者の数がこれより大きいものとする。例題の場合は6項目($n=6$)で選択肢の総数が18($m=18$)なので，12の成分($m-n=12$)を取り出すと，データが完全に記述されることになる。

第2章で検討したように各成分の情報量は固有値で示される。すべての成分の固有値の和はデータの全情報量であるが，多肢選択データの場合全情報量は次式で表される。

$$I_\mathrm{total} = \sum_{k=1}^{m-n} \rho_k^2 = \frac{\sum_{j=1}^{n} m_j}{n} - 1 = \overline{m} - 1$$

つまり選択肢の数の平均値から1を引いた値になっている。情報量という観点からだけいうと，選択肢が多ければ多いほどデータの情報量が多くなるということであるが，実際に我々が処理できる情報ということを考えると選択肢を必要以上に増やすことは好ましくない。これに関しては後ほどまた検討しよう。

次に項目得点表を紹介しよう。表3.1には18列，つまり18の選択肢があるが，それらの重みをそれぞれ $x_1, x_2, \cdots, x_{18}$ で示そう。これらは現段階ではすべて未知数である。表3.1の1をそれに対応する未知の重みで示し，0を捨ててできる被験者×項目の表を項目得点表とよぶ。例題の場合，表3.2がそれである。この表に関して次の統計量を定義しよう。

$r_{jt}^2 =$ 項目 j の得点と各被験者の得点和 x_t の相関の2乗値

これは項目 j が得点の分布にどれだけ寄与しているかの指標であると考えてよいであろう。換言すると，この統計量は項目 j が担う情報量を示す重要な数値である。例題の場合は6項目あるので，6個の統計量が算出される。さらにこの統計量は数量化に次のような重要な役割を果たす。

第一に前章で述べたように数量化では相関比(η^2)，固有値(ρ^2)が最大になるように行と列の重みが決められるが，これらの統計量とこの相関の2乗値には次の関係がある。

$$\eta^2 = \rho^2 = \frac{\sum_{j=1}^{n} r_{jt}^2}{n}$$

この関係から数量化では各質問項目と総得点の相関も最大にすることがわかる。またそれぞれの r_{jt}^2 の値を見ると項目 j のデータ全体への貢献度もわかる。

3-2 数量化の枠組みと計算の流れ

さて数量化では一般に考えられているよりはるかに多くの情報をデータから汲み取る。表3.2の項目得点表は総計 $m-n$ 個の成分それぞれに対して得られる。したがってそれぞれの得点表から項目間の相関行列が得られ、それらすべてがデータの解釈の対象になる。

性格テストを作成するとき各項目が総得点にどれだけ寄与しているか、その寄与が比較的大きな項目を選び、他の項目を捨てるという手続きがとられる。この観点からは r_{jt} あるいは r_{jt}^2 の値の大きな項目を選んでテストを構成するとよい。テスト構成には妥当性（そのテストが測定しようとしているものを果たして測定しているか）と信頼性（テスト得点の安定性、情報量）が重要とされている。内的整合性の信頼性という概念は数量化で使うが、これはたとえば能力テストにおいて高い得点をとる人はやさしい問題には必ず正解し、得点の低い人は難しい問題には正解を出さないという常識的にも理解できる傾向を捉えるものと考えてよいであろう。もっとも良く知られている信頼性係数はクロンバックのアルファ（Cronbach, 1951）、内的整合性の信頼係数といわれ、通常 α で示されるが、実はこの係数は次のような形でも表現できる（Nishisato,

表 3.2 項目得点表

被験者	項　目						得点の和
	1	2	3	4	5	6	
1	x_1	x_6	x_9	x_{12}	x_{13}	x_{16}	x_{1t}
2	x_1	x_6	x_7	x_{12}	x_{14}	x_{18}	x_{2t}
3	x_3	x_6	x_9	x_{12}	x_{13}	x_{18}	x_{3t}
4	x_3	x_6	x_9	x_{12}	x_{13}	x_{16}	x_{4t}
5	x_2	x_4	x_8	x_{11}	x_{15}	x_{17}	x_{5t}
6	x_2	x_4	x_8	x_{12}	x_{15}	x_{16}	x_{6t}
7	x_2	x_5	x_8	x_{10}	x_{13}	x_{18}	x_{7t}
8	x_1	x_6	x_7	x_{12}	x_{13}	x_{18}	x_{8t}
9	x_2	x_5	x_8	x_{10}	x_{13}	x_{17}	x_{9t}
10	x_1	x_6	x_8	x_{11}	x_{13}	x_{18}	x_{10t}
11	x_2	x_4	x_7	x_{12}	x_{14}	x_{17}	x_{11t}
12	x_2	x_5	x_9	x_{12}	x_{14}	x_{17}	x_{12t}
13	x_3	x_6	x_9	x_{12}	x_{15}	x_{16}	x_{13t}
14	x_1	x_6	x_7	x_{11}	x_{13}	x_{17}	x_{14t}
15	x_3	x_6	x_9	x_{12}	x_{13}	x_{17}	x_{15t}

2006)。

$$\alpha = \frac{n}{n-1}\left(\frac{\sum_{j=1}^{n} r_{jt}^{2} - 1}{\sum_{j=1}^{n} r_{jt}^{2}}\right)$$

この式でわかることは，各項目が総得点と完全な相関を持つとき $\sum_{j=1}^{n} r_{jt}^{2} = n$ となり，信頼性係数が1になる。

先にも述べたように $(m-n)$ 個の成分が取り出されるが，交互平均法を用いると固有値の大きな順に成分を取り出す，つまり信頼性の大きな成分から順に算出する。ただここに一つの大きな問題がある。信頼性係数の式は本来は負にならない概念の推定式である。しかし上の式からわかることは項目と総得点の相関の2乗和が1より小さい成分の場合，この式のアルファは負の値を取ることである。

多肢選択データの交互平均法では各質問の選択肢の初期値としてリッカート得点を用いるのがよいであろう。それを用いてまず被験者の得点(行の重み)，それを用いて新しい選択肢の重み(列の重み)を計算，交互平均過程を通じて行と列の重みを漸近的に変換，それらはやがて最適の重みに変わる。この数値例は紙面の都合で省略するが，計算過程は分割表の場合と全く変わりない。

3-3　血圧，偏頭痛，年齢，不安，身長と体重

表1.1の6個の質問に対する表1.2のデータは筆者の人工データであるが，ここでは同じデータを細部にわたって解析し，数量化の全貌を見よう。解析にはコンピューターのプログラムが不可欠であるので，計算過程はあげず，コンピューターのプログラムのアウトプット(DUAL 3)を再編成して関連事項を見る。データ，周辺度数などのアウトプットは省略する。まず次の記号を定義しておこう。

n(項目数) $= 6$
m_j(項目 j の選択肢数) $= 3$，　　$j = 1, 2, \cdots, 6$(一様に3個)
m(総選択肢数) $= 18$
N(被験者数) $= 15$
反応パターン行列 $= 15 \times 18$
I_{total}(データの総情報量) $=$ 平均選択肢数 $-1 = 2$

3-3 血圧，偏頭痛，年齢，不安，身長と体重

T_{comp}(成分の総数) $= m - n = 18 - 6 = 12$

ρ_k^2(成分 k の固有値) $= \eta_k^2$(成分 k の相関比) $=$ 成分 k の分散(情報量)

ρ_k(成分 k の特異値) $=$ 成分 k の行と列の相関

δ_k(成分 k の全情報量の説明率) $= \dfrac{\rho_k^2 \times 100}{\sum_{r=1}^{m-n} \rho_r^2} = \dfrac{\rho_k^2 \times 100}{\overline{m} - 1}$ (%)

$\sum \delta_k$(累積説明率(%))

α(クロンバックの内的整合性の信頼性係数)

次にアウトプットの統計量を表にまとめよう(表3.3)。理論的には12個の成分が摘出されるはずであるが，この例題では11個の成分でデータの情報が100パーセント説明されている(累積デルタ=100)ので，解析はここで終わる。これらの数値はデータの情報分布を大雑把に捉える。これらを吟味してみよう。

この表で異常に見えるものは最後の列の信頼性係数アルファであろう。信頼性というのは統計学的にいうと真の得点の分散の期待値を観測された得点の分散の期待値で割ったもので，分母も分子も正の値をとる。それなのに比が負になるのはおかしい。しかしこの定義は理論上のもので我々が使う信頼性係数の式はデータに基づく近似式である。テスト構成において通常はデータの第一成分でテストを構成するため，アルファが負になるというケースはまず見当たらない。しかしこの数量化の解析ではデータを多次元に分解している。西里(Nishisato，1980 a)は多肢選択データの数量化に関して次の関係を示している。

表 3.3 基礎統計量

成分	ρ_k^2	ρ_k	δ_k	$\sum \delta_k$	α
1	0.5441	0.7376	27.21%	27.21%	0.8324
2	0.3747	0.6121	18.74	45.94	0.6663
3	0.3455	0.5878	17.27	63.22	0.6211
4	0.3070	0.5540	15.35	78.56	0.5485
5	0.1307	0.3615	6.53	85.10	-0.3303
6	0.1202	0.3467	6.01	91.11	-0.4637
7	0.0750	0.2739	3.75	94.86	-1.4656
8	0.0473	0.2175	2.37	97.23	-3.0263
9	0.0316	0.1776	1.58	98.81	-5.1380
10	0.0173	0.1315	0.87	99.67	-10.3581
11	0.0066	0.0812	0.33	100.00	-29.1622

(1)　固有値の平均＝$\dfrac{\sum_{k=1}^{m-n}\rho_k^2}{m-n}=\dfrac{1}{n}$

(2)　固有値がこの平均値のとき信頼性係数アルファは0の値をとる。

(3)　平均値以下の固有値を持つ成分の信頼性係数は負の値をとる。

負の信頼性係数は概念的に解釈できないところから西里は多肢選択データの数量化で固有値が平均値以下になった場合，つまり $1/n$ 以下になった場合，そこで多次元解析をストップし，それ以後の成分を解析の対象からはずすことを提言している。この提言に従えば，我々の数値例では最初の4成分をみてデータを解釈することとなる。このときの累積デルタを見ると78.56パーセント，ほぼ79パーセントで，残りの21パーセントの情報は解析の対象外になる。なぜこれほどたくさんの情報を無視するかという疑問は当然であるが，通常の解析で取り上げる情報は最適変換をしていないので数量化における第一成分に含まれる情報よりはるかに少ないことを知って欲しい。

これに関連する問題は多肢選択データの場合，一般に情報の分布が多くの成分に分散していることである。分割表の解析ではたとえ大きな分割表でも，データの情報はほとんどが最初の2，3の成分に含まれているというのとは大きな違いである。なぜ情報が多くの成分に分布しているかという一つの理由は，分析の単位が多肢選択項目ではなくそれらの選択肢すべてであるということである。6項目に対して18の選択肢がある。一つの案は上に述べたように解析の対象とする固有値が平均値より大きな成分の中で情報の分布を考えることである。例題の場合，固有値が平均より大きい4個の固有値の和は1.5717，これをベースに調整をすると，修正された4成分のデルタは，35，24，22，19パーセントとなる。理論的には12個の成分に情報は分布しているが，このような理由で4成分だけを解析の対象にしよう。

この解析では独立な4セットの「15人の被験者の最適得点，18の選択肢に対する最適の重み」が解釈の対象になるが，これら多数の数量を見る前に，4セットの15×6の項目得点表の解釈から始めよう。この解析では4次元における各項目の寄与度と項目間の相関を見ることができる。まず各項目がその成分に寄与する度合いを示す3個の統計量を考えよう。

(1)　SS_j＝項目 j の平方和＝項目得点表の列 j の要素の2乗和（平方和は各要素と平均値の差の2乗和であるが，項目得点表の列和はすべて0なので，平均値の調整は不要）。

(2) $r_{jt}^2 =$ 項目 j と総点 x_t との相関(項目得点表の j 列と総和の列から求められる相関)の2乗.

(3) $r_{jt} =$ 項目 j と総点との相関.

数量化で求められた選択肢の最適の重みというのは次の関係を満たすことが知られている(Nishisato, 1982)。

$$SS_j \propto r_{jt}^2 \quad (SS_j \text{ と } r_{jt}^2 \text{ は比例関係にある})$$

これは数量化の特徴のうちもっとも重要な関係の一つである。なぜなら、この比例関係は次のことを意味するからである。一般に用いられているデータを考えよう。主観的な得点法を用いて20問からなる数学テストを受けた学生100人の得点を割り出す。データは 100×20 の得点表で示される。このとき数量化の項目得点法と同じ方法で SS_j と r_{jt}^2 を計算してみると、実際にはこの両者が比例関係になっていることはまず考えられない。しかし、SS_j は質問 j が総得点の分布に寄与する度合いの統計量であり、r_{jt}^2 は質問 j がテスト全体にどれほど関係しているかという統計量である。したがって、テスト構成ではテストに関係のある質問(r_{jt}^2 が大きい質問)がテスト得点に大きく貢献する(SS_j が大きい)ようなテストを作りたい。つまり r_{jt}^2 が大きな質問 j は SS_j も大きくあって欲しい。実際のテストでは、この両者の比例関係が成り立つことなど考えずに得点法を決めているので、テストに関係の少ない(r_{jt}^2 の小さな)質問がテストの得点を大きく左右(SS_j が大きい)するということが広く見られる。得点法を主観的に考え出している限り、それがどのように複雑なものであっても、あるいは使いやすいものであっても、二つの統計量が比例関係になるような得点法を割り出すことはまず考えられない。これはテスト構成法にとって極めて重要な問題であるが、多くの得点法は両者の比例関係とは無関係に考案されている。数量化で出された得点は常にこの比例関係を保つので、このことだけでも数量化が他の得点法より優先されるべきである。テスト構成では同じ属性、能力、性格を測定するテストを構成することを目指すため r_{jt} の大きな項目を集める。この統計量は r_{jt}^2 より理解しやすいものなので、通常テスト構成のマニュアルに報告される。したがって(3)も解析結果に含めるのがよいであろう。(1)と(2)は比例関係にあるが、似たような項目を集めようとするテスト項目選択のためには(1)の方が見やすい。(2)はその成分の固有値と次の関係があるので、この統計量も便利である。

$$\rho^2 = \frac{\sum_{j=1}^{n} r_{jt}^2}{n}$$

例題の場合，4個の成分に関して，これらの統計量を計算すると表3.4の通りである。SS_j を見ることにより，どの項目がどの成分に比較的大きな貢献をしているかがわかる。しかし，それがどのような貢献の仕方をしているかはこれらの統計量をいくら検討しても出てこない。それを見出すにはそれらの項目の選択肢の重みの検討が必要である。その段階に至って，初めてデータの解釈が可能になる。その段階に入る前に，項目単位の解析でもう一つ統計量を見てお

表 3.4 項目統計量

項目	SS_j	r_{jt}^2	r_{jt}	
1	25.41	0.9216	0.9600	
2	25.52	0.9258	0.9622	
3	14.78	0.5363	0.7323	成分1
4	11.18	0.4056	0.6368	（項目1と2の貢献が大きい）
5	3.15	0.1144	0.3383	
6	9.95	0.3611	0.6009	
1	15.35	0.3835	0.6193	
2	13.65	0.3409	0.5839	
3	8.91	0.2227	0.4719	成分2
4	11.60	0.2897	0.5383	（項目5と6の貢献が大きい）
5	20.79	0.5195	0.7207	
6	19.69	0.4920	0.7014	
1	17.48	0.4025	0.6345	
2	20.75	0.4780	0.6913	
3	23.66	0.5450	0.7382	成分3
4	19.97	0.4600	0.6782	（項目3，2，4，1の貢献が大きい）
5	7.85	0.1807	0.4251	
6	0.29	0.0068	0.0823	
1	0.93	0.0190	0.1378	
2	1.55	0.0317	0.1779	
3	19.43	0.3975	0.6305	成分4
4	17.54	0.3589	0.5991	（項目5，3，4の貢献が大きい）
5	40.37	0.8262	0.9089	
6	10.19	0.2086	0.4567	

3-3 血圧，偏頭痛，年齢，不安，身長と体重   59

こう．各成分における項目間の相関行列である（表3.5）．これは選択肢の重みが得られ項目得点表に実際の数値が入った段階でその列間の相関を求めればよい．例題の場合，4個の相関行列が得られる．これらの表からまずわかることは成分1では項目間の相関が高いこと，そして成分2, 3, 4と下るとともに負の相関が増え相関が低くなっていることである．実は第1の成分というのは項目間の相関の平均値が最大になるように選択肢の重みが決められている．ここで一般のデータ解析と違うところは項目間の関係が線形であるという拘束条件はなく，線形でも非線形でもよいということで，とにかく相関が高くなるよう

表 3.5 最初の4成分ごとの相関表

	血 圧	偏頭痛	年 齢	不 安	体 重	身 長
血 圧	1.000					
偏頭痛	0.994	1.000				
年 齢	0.595	0.576	1.000			
不 安	0.473	0.515	0.672	1.000		
体 重	0.433	0.394	0.082	−0.328	1.000	
身 長	0.556	0.569	0.129	0.186	0.200	1.000
血 圧	1.000					
偏頭痛	0.065	1.000				
年 齢	0.588	−0.307	1.000			
不 安	0.070	0.350	0.347	1.000		
体 重	0.280	0.617	−0.008	0.194	1.000	
身 長	0.312	0.286	0.318	0.173	0.378	1.000
血 圧	1.000					
偏頭痛	0.001	1.000				
年 齢	0.667	0.265	1.000			
不 安	0.263	0.541	0.170	1.000		
体 重	−0.021	0.431	0.143	0.134	1.000	
身 長	0.221	−0.055	0.111	0.057	−0.316	1.000
血 圧	1.000					
偏頭痛	0.773	1.000				
年 齢	−0.520	−0.459	1.000			
不 安	−0.143	−0.141	0.483	1.000		
体 重	0.174	0.222	0.502	0.324	1.000	
身 長	0.513	0.471	−0.134	−0.109	0.418	1.000

に選択肢の重みが決められているということである。たとえば成分1の血圧と偏頭痛の相関が0.994と非常に高いが，これは選択肢の重みを検討すればわかることであるが，偏頭痛がしばしばあるのは血圧が低いか高いときである，という非線形の関係を捉えたものである。同じ成分1でも血圧と年齢の相関の0.595というのは年齢とともに血圧が上がるという線形関係を捉えたものである。ここに選択肢を解析の単位としている数量化の素晴らしさが垣間見られる。

このように項目間の相関の意味は選択肢に与えられた重みを見なくては解釈できない。というのは相関の値を引き上げるための選択肢への重みが線形なのか非線形なのかがわからないからである。これは比率測度を用いる伝統的なデータ解析で相関は線形関係の測度であると決まっているのとは大きな違いである。また変数間の線形関係のみ捉えるリッカート得点を使って項目を解析の単位としているデータ解析とも大いに異なる。

では選択肢に与えられた最適の重みを検討しよう。4成分の被験者の得点と選択肢の重みは表3.6，表3.7の通りである。これまで見てきたところで明ら

表 3.6　選んだ選択肢と4成分の最適得点

被験者	各質問に対して選んだ選択肢						4成分の最適得点			
	1	2	3	4	5	6	1	2	3	4
1	1	3	3	3	1	1	-0.74	-0.03	-0.13	0.14
2	1	3	1	3	2	3	-0.49	0.59	0.65	-0.80
3	3	3	3	3	1	3	-0.71	-0.02	-0.59	-0.02
4	3	3	3	3	1	1	-0.78	-0.46	-0.60	0.14
5	2	1	2	2	3	2	1.06	-0.68	0.77	0.61
6	2	1	2	3	3	1	0.64	-0.93	0.47	0.50
7	2	2	2	1	1	3	1.02	0.92	-0.71	0.32
8	1	3	1	3	1	3	-0.62	0.71	0.40	-0.18
9	2	2	2	1	1	2	1.27	0.56	-0.76	0.14
10	1	3	2	2	1	3	-0.20	0.79	0.46	0.74
11	2	1	1	3	2	2	0.60	-0.38	0.72	-1.10
12	2	2	3	2	2	2	0.61	-0.19	-0.42	-1.04
13	3	3	3	3	3	1	-0.60	-0.96	-0.36	0.31
14	1	3	1	2	1	1	-0.58	0.45	0.73	0.42
15	3	3	3	3	1	2	-0.46	-0.38	-0.64	-0.20

3-3 血圧，偏頭痛，年齢，不安，身長と体重　　　　　　　　　　　　　　61

表 3.7　4成分の射影された重み

項目	選択肢	成分1	成分2	成分3	成分4
1	1	−0.7166	0.8178	0.7192	0.1183
	2	1.1737	−0.1872	0.0197	−0.1686
	3	−0.8648	−0.7414	−0.9286	0.1051
2	1	1.0377	−1.0782	1.1125	0.0097
	2	1.3097	0.7038	−1.0731	−0.3469
	3	−0.7825	0.1248	−0.0131	0.1124
3	1	−0.3729	0.5583	1.0646	−0.7464
	2	1.0271	0.2200	0.0791	0.8362
	3	−0.6073	−0.5555	−0.7756	−0.1993
4	1	1.5534	1.2137	−1.2506	0.4180
	2	0.1243	0.3059	1.1109	1.0657
	3	−0.3480	−0.3345	−0.0831	−0.4033
5	1	**−0.2726**	0.4628	−0.3469	0.3047
	2	**0.3227**	0.0096	0.5385	−1.7675
	3	**0.4951**	−1.3981	0.5023	0.8535
6	1	−0.5603	**−0.6315**	0.0410	0.5471
	2	0.8335	**−0.3468**	−0.1149	−0.5708
	3	−0.2732	**0.9782**	0.0739	0.0236

かかもしれないが数量化の成分1の被験者の得点というのは，信頼性係数アルファを最大にするものである．還元すれば，このデータが与えられたとき，他のいかなる得点法を用いても数量化で得られた得点が示す信頼性係数より高くなることはない．それでは被験者の得点と選択肢の重みを検討しよう．これらは射影された数量（$\rho_k y_{ki}$ と $\rho_k x_{kj}$）である．

ここにはあまりにも多数の数値があり，それらをいかに解釈すべきかが問題である．各質問の3個の選択肢に対してリッカート法では1, 2, 3という得点を与えてデータ解析をした．これに対してデータにそって割り出した数量化の重みで各質問の3個の選択肢の重みが，リッカートの得点のように，第1が一番小さい値，第2が中間の値，第3が一番大きな値となっているものは，どれだけあるであろうか．そのような順序になっている選択肢は表 3.7 で太字で示してある．その数が非常に少なく，データの情報に基づいた数量化の重みが示

すように，この例題の場合リッカート得点を用いて解析すると多くの情報を見逃すことになる。

次の手がかりは被験者の得点は選択肢の重みに双対の関係とよばれる式で結ばれていること，これは前に出てきた式であるが，もう一度ここに挙げよう。

$$\rho_k y_{ki} = \frac{\sum_{k=1}^{m-n} f_{ij} x_{jk}}{f_i} \quad \text{そして} \quad \rho_k x_{jk} = \frac{\sum_{i=1}^{N} f_{ij} y_{ik}}{f_j}$$

ただし分割表の場合とは違い，f_{ij} は1と0からなる $N \times m$ の反応パターン行列，f_j は $N \times m$ の反応パターン行列の j 列の周辺度数である。双対の関係式でいえることは，射影された被験者の得点は，その被験者が選んだ選択肢に与えられた重みの平均値，射影された選択肢の重みは，その選択肢を選んだ被験者の得点の平均値になっていることである。多次元の空間でいえば選択肢の標準空間を見ると被験者の射影座標はその被験者が選んだ選択肢の座標の重心点になり，被験者の標準空間をみると選択肢の射影座標はその選択肢を選んだ被験者の座標の重心点になっている。

数量化で結果の解釈に一番よく使われるのはグラフによる図示である。しかし成分の数が多数になるとそれに対応する多次元グラフが必要になる。残念ながら多くの場合は2次元グラフで結果の主な関係を見ることにとどまっている。例題の場合2成分の累積デルタは46パーセント，データの全情報の半分に満たない。それを念頭に入れ，最初の2成分により捉えられたデータの情報をグラフで調べよう(図3.1)。

この2次元のグラフでそれぞれの変数の3個の選択肢を結ぶと三角形を構成している。これは通常比率測度をたとえば主成分分析で多次元解析したとき各変数が直線で表され，変数のデータとしての数値がすべて直線状に乗るというのとは大きな違いである。直線に乗るのでそのような解析は線形解析であるといわれる。数量化の場合，カテゴリー数が3であれば2次元空間で三角形を描き，カテゴリー数が4であれば3次元空間に4点を持つ多面体となる。例題のように三角形を描くとき三角形の大きさはその変数の2次元空間への寄与の大きさを示す。この例では血圧と偏頭痛が大きな三角形を示している。それに比べて体重の三角形は小さい。

一般に用いられる解釈の仕方は射影の考えに基づくものである。例題の場合，第1成分を見ると選択肢で大きな正の値を持つものとその反対側にあるものの対比をみて解釈する。グラフでは第1軸に射影したもの(縦軸を無視する)

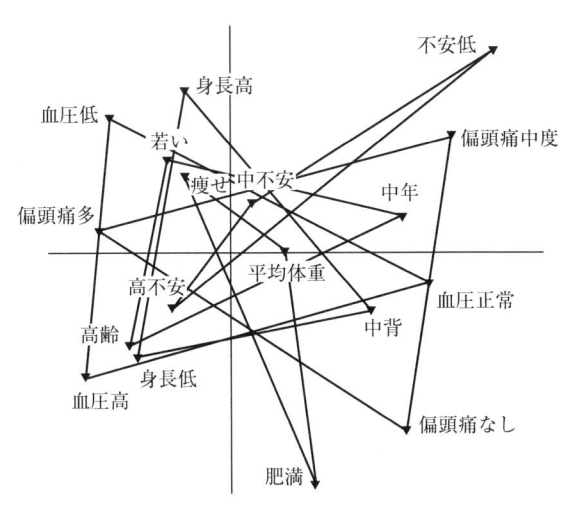

3-3 血圧，偏頭痛，年齢，不安，身長と体重　　　63

図 3.1　選択肢の2成分に見られる関係

の対比である．すなわち(血圧が高いまたは低い，偏頭痛が多い，高齢，身長が低い，不安度が高い)と(不安度が低い，血圧正常，偏頭痛なしまたは中度，中年，中背)である．同じく第2成分では，図の横軸を無視して，上下の対比を見る．すなわち(不安度が低い，血圧が低い，背が高い，若い，偏頭痛なし，痩せ型)と(肥満，偏頭痛なし，血圧が高い，背が低い，高齢)といった対比である．このような対比を成分ごとに見ていくのであればグラフに頼らなくても，選択肢の重みを各成分に関して高(プラス)，低(マイナス)に分類していけばよい．ただし，数量化のプラス，マイナスは絶対的な意味がなく，任意なものなのでプラスの方が良いとか悪いとかいうことではない．

　このように射影の考えで成分(軸)ごとに解釈していく方法は特に社会科学では因子分析などでいつも使われる方法である．これに対して多次元空間を見ながら変数の塊(クラスター)を見ていくという立場もある．この立場の正当化は後ほどしたい．今この立場からグラフを見ると，これは2次元のグラフなのでデータ全体の情報を使っていないが，例としてみると，このグラフからは次のようなクラスターが見られる．(高血圧，身長低，高齢，高不安)と(血圧低，身長高，若い，痩せ型)のクラスターの中間に(偏頭痛が多い)が見られる．少し塊の弱いクラスターであるが(不安低，偏頭痛中度)，(中年，血圧正常，中背)，(偏頭痛なし，肥満)などが見られる．しかし，クラスターを求めようという意図は2次元グラフを見てということではなく，すべての成分からなる多

次元空間の中のクラスターをみるという立場であるので，実際には手続きがもっと複雑になる．これに関しては後ほど検討したい．

さて同じようなグラフを被験者に関しても構成することができる．第1と第2の成分を2軸として被験者をプロットすると図3.2ができる．しかし一般には被験者に関した情報はないので，このグラフの被験者の布置を解釈することはできない．数量化の観点からは，ぜひ被験者に関する情報を集めておいて，このような被験者のグラフの解釈に用いたいところである．そこで通常は被験者と選択肢の関係を見ようというので，二つのグラフをまとめることが必要となるが，これは簡単なようで難しい問題である．現在もっとも広く用いられている方法は対称グラフ法，あるいはフレンチプロットといわれるもので，二つのグラフを同じ単位で描き，そのまま重ねあわせて一つのグラフにする方法である．

これまで数量化のグラフといえばこの対称グラフ法であるといっても過言ではないほど普及してきた．しかし，これは簡便法であって数学的には正確な方法でない．なぜかというと被験者が布置する行空間と選択肢が布置する列空間は特異値が1でない限り同一でないからである．換言すると通常は違った空間にある二つの変量を同一空間にプロットしているのである．この問題はこの先もっと数量化の問題を検討してから再考することとして，ここでは対称グラフ法では行変数と列変数の関係が正確ではないので，大雑把な関係を見るだけの目的で使用するということにしておこう．

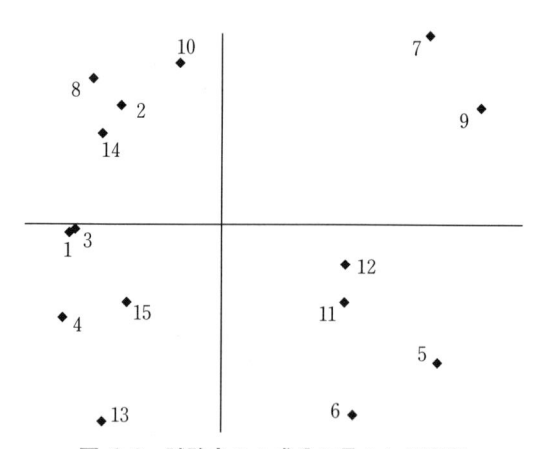

図 3.2　試験者の2成分に見られる関係

さてずいぶん多くの情報が得られたが解析の結果をまとめると次のようになる。この6問に関して15人の被験者から得られたデータの総情報量(固有値の和)は2, 成分の総数は12, そのうち信頼性係数アルファが正の値をとるものは4成分、それら4成分の担う相対的情報はそれぞれ35, 24, 22, 19パーセントとなる。これに対応する信頼性係数アルファは0.8324, 0.6663, 0.6211, 0.5485。これら4成分のそれぞれに関して項目間の相関行列が得られた。各相関行列の線形構造は主成分分析で解析できるが、成分によって2個の変数がどのような変換を経ているかを主成分分析の結果の解釈時に検討しなくてはならない。本章ではその効用が今のところ不明なのでこの部分は省略した。本来なら4成分すべてを検討すべきかもしれないが、ここでは実用的な観点から最初の2成分をグラフに示しおおよそのデータ構造を見ることにした。その結果は第1成分では「血圧が高い、血圧が低い、偏頭痛が多い、高年齢、背が低い」などのクラスターとそれに対する残りの変数のクラスターが見出され、第2成分では「血圧が高い、高年齢、背が低い」、「血圧が低い、若い、痩せ型、背が高い」、そしてその他の変数の組み合わせが抽出された。それは第1章でみた主成分分析による線形解析が、「血圧, 年齢, 不安」の間に線形の関係があるという結果を出しているのに比べると、数量化が捉えた情報量は遥かに大きく、両者には雲泥の差がある。このように一般のデータには通常大変な量の情報があるにもかかわらず、従来の線形解析法ではその情報の大部分を線形というフィルターにかけて捨ててしまうということ、それに対して数量化ではそれらをすべて捉えるので逆にいえば捉えた多くの情報をどこまで解釈できるかという問題を抱えることとなる。

3-4 計算と術語に関するノート

多肢選択データの場合には反応パターンの2元表を上に述べた交互平均法にかける。計算は任意の初期値を選択肢に与えて被験者それぞれの平均値を求め、それを被験者の値として選択肢の平均値を計算、その都度平均の調整、最大値の調整を分割表の場合と同じようにすればよい。しかし上に見たように、分割表の数量化よりは多くの独自の統計量が得られる。選択肢の重みをデータの収集前に決めるリッカート法に比べて、交互平均法の計算の手間は大変なものであるがそこにはそれだけの十分な利益があり、こうしなくてはデータに含まれた種々の情報を汲み取れないことが理解されれば何よりである。多肢選択

データと分割表の違いは，前者ではデータが 1 か 0 で，結果に若干の拘束条件が自然に加わっている。しかし交互平均法の計算過程は全く同じである。交互平均法は漸近的に最適解を求め，最終的にはすべての数量化が双対の関係(dual relations)を満たすということで双対尺度法(dual scaling)という名前が生まれている。

　反応パターンは，どの被験者の場合も各項目の列和が 1 になっている。つまり各被験者が各質問に関して 1 個の選択肢を選ぶということで，たとえば(1, 0, 0)，(0, 1, 0)，(0, 0, 1)のように和がいずれも 1 である。この拘束条件により，数量化で用いる数量化されたデータの和が 0 であるとする条件が各項目の数量化にも当てはまるという事情がある。すなわち項目得点表(例，表 3.2)の総和が 0 になるように数量化が行われるが，上の拘束条件により各列和(各項目の総得点)も 0 になっているということである。ここで注意しなくてはならないのは，この拘束条件はすべての項目の重要性，貢献度が等しいという意味ではないということである。項目の重要性，貢献度は平均値ではなく，項目の分散である。そしてこの分散はその項目と項目の総和との相関の 2 乗値に比例することはすでに検討したことである。これに対して，各項目の平均値が 0 であるということは次のような意味を持つ。いま数学のテストでやさしい質問(80 パーセントが正答)と難しい質問(10 パーセントが正答)を考えよう。やさしい質問に正しく答えた場合の得点は，たとえば 0.5，誤答の場合の得点は －2.0，難しい質問に正しく答えた場合の得点は 3.6，誤答には －0.4 ということになる。なぜなら

$$80x_{11}+20x_{12}=80\times 0.5+20\times(-2.0)=40.0-40.0=0 \quad \text{やさしい質問}$$
$$10x_{21}+90x_{22}=10\times 3.6+90\times(-0.4)=36.0-36.0=0 \quad \text{難しい質問}$$

この例を見ると，各項目の平均値が 0 ということは，やさしい質問に誤答を与えると強く罰され(－2.0)，難しい質問に正答をすると大いに報われる(3.6)ということで，質問の難しさを考慮に入れる条件となっている。これに対して通常用いられる得点法では，正答は 1，誤答は 0 で質問のやさしさ難しさを全く考慮にいれていない。

　信頼性係数アルファは社会科学の論文にしばしば報告される統計量の一つである。この統計量はあたかも相関係数であるかのように解釈され，たとえばアルファが 0.8 であると信頼性の高い質問表であるというような報告がなされる。しかしアルファは相関係数ではない。正直なところどれだけ役に立つ統計量であるかわからない。内的整合性信頼性係数というのがその別名であるとこ

ろから，アルファは内的整合性という概念の指標である．本章で示した式によれば，アルファは項目と総得点との相関の2乗の関数であることから，確かに各質問がどれほどテスト全体の得点に寄与しているかの指標であることがわかる．しかしアルファの行動は簡単に説明できるものではない．たとえば，項目数を増やすと，アルファの値はいくらでも上がる．アルファが0.9の場合，もし質問の数が100もあれば，0.9などあまり意味がない．これに対して質問の数が10であればアルファが0.9というのは内的整合性が高いといって良いであろう．アルファが高いとそのテストは1次元テストであるというような解釈が広く行われている．この観点から質問数が100の場合と10の場合の主成分分析を考えてみると，同じ値のアルファを持つデータであっても第1成分が説明する度合いには両者には大きな差がある．これは本書の範囲を出るものであるが，相関係数の標本分布は比較的簡単であるが，アルファの標本分布は大変複雑で解釈の難しい統計量である．アルファが0.8であるという結果のみが研究を正当化するものではない．正しい解釈ができないのであれば，報告を控えるべきであろう．

演習問題 3.

3-1 多肢選択項目が2個の場合の数値例を作り，その数量化とそのデータから作られる選択肢×選択肢の分割表の数量化の類似点と違う点を数値計算により検討せよ．特に比較対象として選択肢の重み，固有値，成分の数，デルタを考えよ．

3-2 数量化は信頼性係数アルファを最大にするというがなぜそのような結論が出るのか示せ．

4章

分類データの解析

4-0 はじめに

　数量化とは何かということに関し，大まかな姿が見えたであろうか。難しい概念と数式がでてきたが，分割表と多肢選択データの数量化は数量化の基本的なもので，これまでの記述で数量化の考え方をほぼ説明してきた。根底にあるものは数学的に述べるとデータの変換値のデータへの回帰が線形になるような変換を求める，この変換はデータに含まれる情報を最大限に把握する数量を算出する，つまりデータをもっとも効率的に説明する数量であるということである。これまで見てきたように，データが与えられると，唯一の作業はそれを記述するのにもっとも適した数量をデータの行と列に与えることで，その作業の基準はデータの総情報量をできる限りたくさん説明する重みを算出することである。この過程で得られるのが第1成分で，その成分の全情報の説明率はデルタという統計量で表される。次に第1成分で説明できないデータの情報を一番よく説明する行と列の重みを産出する作業が続き，その成果が第2成分となる。この過程を続け最終的にはデータの情報を取りつくすまで成分を摘出する。この方法では，各成分が説明する情報は他のどの成分でも説明できないという相互独立性が存在する。実際のデータ解析では，多数の成分のうち何個の成分を解釈の対象とするかという問題が持ち上がる。これはおいおい取り上げることにしよう。本章で取り上げる分類データの数量化は，手続きに関しては多肢選択データの数量化とほとんど変わらない。しかしこれを多肢選択データと区別して取り扱うのには重要な理由がある。多肢選択データとの違いを本章で見よう。

4-1 分類データの例

　分類データは，一時人気のあったデータ収集法であるが，現在はこれまで検討したデータに比べて良く知られていないし，使われてもいない。そこでまず分類データがどのようにして集められるか，そこから始めよう。データを集める際に用いる指示は次のようなものである。

> **例題 1**　30種の自動車の分類データを集めることとする。

　自動車の名前が並べられている。まず第1の車に1を与え，その他の車で車1に似たものがあったらそれをグループ1に入れる。この作業を全車に関して行い，それによりグループ1ができ上がる。次にグループ1に入らなかった最初の車に2をつけ，他の車で車2に似たものがあったらグループ2に入れる。このようにして，グループ2ができたら，次にグループ3を同じ手続きで構成，この操作を継続してすべての車が分類しつくされるまで分類作業を続ける。

　このようにして集められたデータは，自動車を行に，被験者を列にした表に入れられるが，表の要素は被験者がそれぞれの車をどのグループに入れたかのグループ番号である。

表 4.1　分類データの例

自動車	被験者（分類者）						
	1	2	3	4	5	6	7
1	1	1	1	1	1	1	1
2	1	2	2	1	2	1	2
3	2	3	2	2	3	2	2
4	3	2	1	2	2	3	3
5	2	3	3	3	3	2	1
6	3	1	4	1	4	4	4
7	2	3	3	4	5	5	3
8	4	2	5	4	6	4	1
9	3	2	4	2	7	3	4

たとえば表 4.1 のような表である。ここでは 9 台の車が 7 人の被験者によって，分類されたが，被験者により何群に分けたかが異なり，また各被験者のグループの大きさもまちまちである。このようなことから一般に分類データの解析は難しいと考えられてきた。しかし表 4.1 のようにまとめると，これは多肢選択データで被験者と項目を，刺激（車）と被験者で置き換えたものに過ぎないことを高根（Takane, 1980 b）は指摘し，双対尺度法で解析することができることを発見している。つまり，分類データで刺激（車）は多肢選択データの被験者に相当し，多肢選択データの項目と選択肢はそれぞれ分類データの被験者と被験者が作ったグループ番号に相当する。この例では被験者 7 人がそれぞれ 4, 3, 5, 4, 7, 5, 4 のグループを作っているが，これらの数値は多肢選択データの選択肢の数に相当する。したがって分類データの数量化は多肢選択データと同様の手続きで解析できる。多肢選択データの場合の項目と総得点の相関は分類データでは被験者と全被験者の相関（つまり各被験者が全被験者とどれほど似た分類をしたかという統計量）になり，多肢選択データの成分ごとの項目間相関行列は分類データでは成分ごとに被験者の分類がどれほど類似しているかの被験者間相関行列となる。データの総情報量は被験者が使ったグループ数の平均値から 1 を引いたものになり，成分の総数は被験者が使ったグループ数の総和から被験者の数を引いたものになる。このような違いはあるが，計算過程は多肢選択データの場合と変わらない。

4-2　36 の動物の分類

ここで示すデータは筆者が関西学院大学の心理学の講義のときに集めたものである。そのときの教示は次の例題の通りである。

例題 2　36 の動物名が挙げられている（表 4.2）。最初の動物に 1 をつけ，それに「似ている」と思われるものには 1 を付ける。それが終わったら，1 が付いていない動物の最初のものを 2 とし，それに似た動物すべてに 2 を付ける。これを全部が分類されるまで続ける。あまりたくさんのグループを作らないように大まかに分類して欲しい。

---

15 人の被験者から得られたデータは表 4.3 の通りである。

表 4.2 36 の動物分類

( )イヌ	( )ネコ	( )カバ	( )タヌキ
( )ワニ	( )ウサギ	( )サル	( )カメ
( )チンパンジー	( )カエル	( )シチメンチョウ	( )ヘビ
( )ウシ	( )ヤギ	( )ブタ	( )ライオン
( )カラス	( )トラ	( )ツル	( )ゾウ
( )ハト	( )サイ	( )ヒョウ	( )モグラ
( )チータ	( )キリン	( )ダチョウ	( )ラクダ
( )ニワトリ	( )アヒル	( )トカゲ	( )ワシ
( )クマ	( )スズメ	( )ウマ	( )キツネ

　このデータをみてまず気付くことは被験者によって分類に使ったグループの数が大幅に違うこと，そして使ったグループの総数が非常に大きいことである。使ったグループ数の総数は 99，平均値は 6.6，したがって全情報量(全分散，固有値の和)は平均値から 1 を引いたものであるから 5.6，そして成分の総数はグループ数の総数から被験者の数を引いたものであるから 99−15＝84 と驚くほどの数である。実際問題として成分を 84 も取り出すことは考えられないし，おそらく解釈もできないであろう。多肢選択データの場合，表 3.3 の δ の分布で示されるように情報が広く成分に分散しているのに驚いたが，分類データの場合は，成分の数が驚くほど多いことから，一般的にいってデータの情報はさらに広く分散している。ちなみにこのデータを多肢選択データとみなしてアルファの値を計算し，それが負になる結果を求めると，それは第 18 成分で，最初の 17 成分だけアルファの値が正となっている。最初の 17 個の成分で説明される情報は全情報の 93 パーセント。この 17 成分だけが意味ある成分と考え，その中での相対的な成分の説明度(δ_k)

$$\delta_k = \frac{\rho_k^2 \times 100}{\sum_{r=1}^{17} \rho_r^2}$$

を計算すると最初の 8 成分で説明度が 80 パーセントをこえる。成分 1 から 8 までの説明度は順に 18，17，13，10，8，6，5，4 パーセント。このように情報が広く分散している場合，従来のグラフによる方法では収拾がつかなくなる。これに関しては後ほど検討することとして，ここでは通常行われるグラフによる解釈を試みよう。

4-2 36の動物の分類

表 4.3 36の動物の15人による分類データ

動物							被験者								
1. イヌ	1	1	1	1	1	1	1	1	1	1	1	1	1	1	1
2. ワニ	2	2	2	2	2	3	3	2	2	2	2	3	2	7	2
3. チンパンジー	3	1	3	3	3	1	4	3	3	3	3	2	3	2	3
4. ウシ	4	1	4	4	4	2	3	4	1	2	1	1	1	3	4
5. カラス	5	3	5	5	5	4	2	5	4	4	4	4	4	6	5
6. ハト	5	3	5	5	5	4	2	5	4	4	4	1	4	6	5
7. チータ	6	1	1	6	1	2	3	4	5	1	3	1	2	4	2
8. ニワトリ	5	3	5	10	5	4	6	5	4	4	1	4	4	6	5
9. クマ	1	1	6	4	2	2	3	3	5	5	5	1	1	4	2
10. ネコ	1	1	1	6	1	2	1	1	1	1	1	1	2	1	1
11. ウサギ	1	1	7	4	1	5	7	1	1	1	1	1	5	1	1
12. カエル	2	2	8	9	6	3	5	2	2	2	6	3	6	7	6
13. ヤギ	6	1	4	4	4	5	7	4	1	1	1	1	5	1	1
14. トラ	3	1	1	6	1	2	3	4	5	1	2	1	2	4	2
15. サイ	7	1	3	4	2	5	3	4	5	2	5	1	7	5	2
16. キリン	4	1	9	7	4	5	3	4	5	3	5	1	7	5	4
17. アヒル	5	3	5	10	5	4	2	5	4	4	4	4	4	6	5
18. スズメ	5	3	5	5	5	4	2	5	4	3	4	4	4	6	5
19. カバ	7	1	2	4	2	5	3	2	5	2	5	1	7	5	2
20. サル	1	1	3	3	3	1	4	3	3	3	3	2	3	2	3
21. シチメンチョウ	5	3	5	10	5	4	6	5	4	4	1	4	4	6	5
22. ブタ	4	1	4	4	4	2	7	4	1	1	1	1	5	3	1
23. ツル	5	3	5	5	5	4	2	5	4	4	4	4	4	6	5
24. ヒョウ	4	1	1	6	1	2	3	4	5	1	2	1	2	4	2
25. ダチョウ	6	3	5	10	5	4	3	5	4	4	5	4	4	5	4
26. トカゲ	8	2	8	9	6	3	5	2	2	2	6	3	8	7	6
27. ウマ	1	1	4	4	4	1	3	4	1	1	1	1	5	3	4
28. タヌキ	1	1	1	1	0	2	7	1	1	1	2	1	1	1	1
29. カメ	2	2	8	2	6	3	5	2	2	5	6	3	6	7	6
30. ヘビ	2	2	8	2	2	3	5	2	2	2	6	3	8	7	6
31. ライオン	3	1	1	6	2	2	3	4	5	1	2	1	7	4	2
32. ゾウ	7	1	2	7	4	5	3	4	5	5	2	1	7	5	2
33. モグラ	7	1	10	4	6	6	7	6	1	1	1	1	5	9	1
34. ラクダ	7	1	4	7	4	5	3	4	5	3	5	1	7	5	4
35. ワシ	5	3	5	5	5	4	2	5	4	4	2	4	4	6	5
36. キツネ	1	1	1	6	1	2	7	1	1	1	2	1	1	1	1

その前にもう少し分類データの数量化で見られる特徴を見ておこう。分類されるものが動物とか国とか一般の人がなじみの深い対象である場合の分類データでは最初の成分では被験者の間で高い相関がみられる。つまり似たような分類をするということである。もし個人差を見ようというのであれば，あとから出てくる成分ほど個人差が大きく，たとえば我々のデータでも成分10くらいまで下がると一人の独特な分類が大きな貢献を示すというようなことが一般に見られる。各成分の被験者間の相関を見るのもよいが，相関係数は個人差を示すには意外と鈍い統計量で，それよりは被験者の得点の平方和がよく個人差を示してくれる。例として第1成分の被験者間の相関行列（表4.4）と最初の5成分と成分17の試験者の得点の平方和（表4.5）を眺めよう。

第一印象はデータを見たところでは被験者の分類にはかなりの違いが見えるのに，相関を見ると驚くほど高いことである。これは数量化の隠れた操作の結果で，被験者が用いた様々なグループに重みを与えて被験者間の相関ができるだけ高くなるようにしているからである。たとえば被験者1が「カラス，スズメ，ハト」，「ゾウ，サイ，ダチョウ，ワシ」という2グループを作り，被験者2が「カラス，スズメ，ハト」，「ゾウ，サイ」，「ダチョウ，ワシ」という3グループを作ったとしたら，数量化で二人の相関を高くしようとすると，カラ

表 4.4　第1成分の15人の被験者間の分類作業の相関

1	1.00													
2	0.96	1.00												
3	0.95	0.99	1.00											
4	0.96	1.00	0.99	1.00										
5	0.94	0.98	0.98	0.98	1.00									
6	0.95	0.99	1.00	0.99	0.98	1.00								
7	0.98	0.93	0.94	0.94	0.92	0.94	1.00							
8	0.95	0.99	0.99	0.99	0.98	0.99	0.93	1.00						
9	0.96	1.00	0.99	1.00	0.98	0.99	0.93	0.99	1.00					
10	0.88	0.93	0.93	0.92	0.93	0.92	0.85	0.93	0.93	1.00				
11	0.79	0.75	0.77	0.77	0.73	0.77	0.82	0.75	0.76	0.62	1.00			
12	0.89	0.93	0.94	0.93	0.92	0.94	0.87	0.93	0.94	0.84	0.68	1.00		
13	0.95	0.99	1.00	0.99	0.98	1.00	0.94	0.99	0.99	0.92	0.77	0.94	1.00	
14	0.98	0.94	0.94	0.95	0.93	0.95	0.99	0.93	0.94	0.85	0.81	0.88	0.95	1.00
15	0.98	0.95	0.95	0.95	0.93	0.95	0.99	0.94	0.95	0.87	0.81	0.88	0.95	0.99	1.00

4-2 36の動物の分類

表 4.5 最初の5成分と成分17の被験者の得点の平方和

被験者	成分					
	1	2	3	4	5	17
1	37	37	8	33	25	39
2	38	37	0	0	0	0
3	38	40	35	37	84	22
4	38	38	49	39	62	141
5	37	25	49	29	47	51
6	38	39	22	27	57	17
7	36	39	49	53	17	7
8	38	34	35	40	33	6
9	38	37	50	50	14	0
10	33	19	21	23	6	43
11	25	35	32	40	32	8
12	34	38	44	1	0	2
13	38	40	45	49	60	187
14	36	40	46	65	73	10
15	37	40	52	53	29	5

ス，スズメ，ハトに重み x_1 を，ゾウ，サイ，ダチョウ，ワシに重み x_2 を与えると，二人の被験者の相関が1になる．このような操作が数量化の作業であるのでこれから表4.4の相関が一般に非常に高いということが理解できるであろう．

第1の成分にはすべての被験者が似たような貢献度を示しているが，成分が第2, 3, 4, 5と移るとともに，被験者の貢献度に差が出てくる．成分17では被験者4と13の特殊な分類がその特徴を決定したといえよう．

明らかにデータには処理しきれないほどの情報が含まれている．線形解析で情報を落してしまうことが考えられても，それは数量化では受け入れたくない．変数間の線形，非線形を解析の対象としているからである．ここでは妥協策として一番情報量を担った成分1と成分2のグラフ（図4.1）を見よう．数量化はグラフを用いて変数間の関係を見ることが多いことから，データ解析のグラフ法とまでいわれてきた．ここでも結果の解釈にはグラフが必要となる．分類データ解析の目的は被験者がたくさん用いたグループの位置ではなく動物の分類である．動物だけのグラフであれば，これまで見てきたような行空間と列

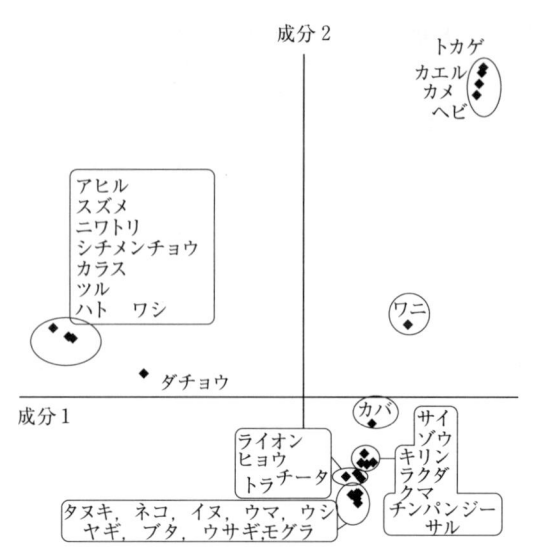

図 4.1 成分 1 と成分 2 に見られる動物の分類

空間の隔たりの問題は生じない。これは好都合である。

　第 1 象限の原点から離れたところに爬虫類のグループが見える。そしてもう一つ第 1 象限にワニがいる。このワニに近いのは第 4 象限のカバ。第 2 象限には鳥類がまとまっている。固まったクラスターから離れているのがダチョウである。第 4 象限は未分化で多くの動物が混在している。

　成分 1 と成分 3 のグラフ（図 4.2）を見てみよう。成分 3 ではチンパンジーとサルが成分 2 で未分化の動物群から飛び出している。これが唯一の新次元であると考えられる。成分 2 の未分化の動物群からチンパンジーとサルが抜けたが、この未分化のグループは成分 4 で大きな分化を示す。成分 1 と成分 4 のグラフ（図 4.3）を見てみよう。縦軸が成分 4 である。成分 4 の上方には「イヌ、タヌキ、ネコ、モグラ、ウサギ、キツネ」がまとまってクラスターを構成、下方にはアフリカらしい「サイ、カバ、ゾウ、ラクダ、キリン」がまとまっている。

　分類データの解析では通常このように各成分が、たとえば動物を徐々に細分化していく。問題はどこまで細分し続けるべきかということになる。例題の場合、17 の成分の 58 パーセントが 4 成分で記述される。分類データの場合、成分の数が途方もなく多いことから、ここで採用した成分ごとの解釈より、クラ

4-2　36の動物の分類

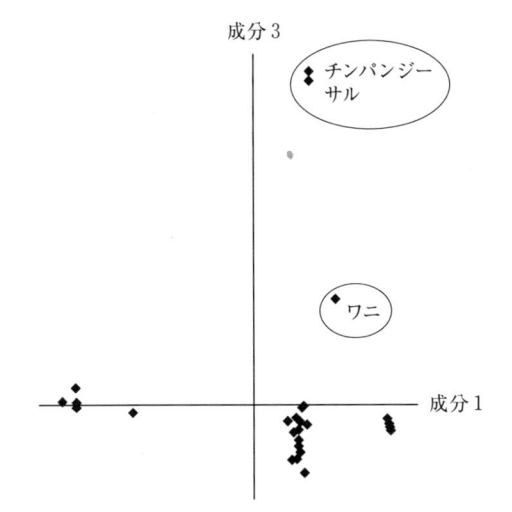

図 4.2　成分 1 と成分 3 のグラフ

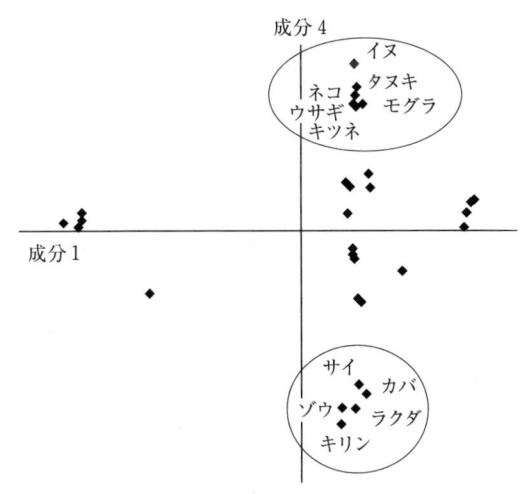

図 4.3　成分 1 と成分 4 のグラフ

スター解析のほうが適しているのではないかという疑問が当然浮かぶ。これについては後ほどグラフの問題で，新しい方法として検討したい。

4-3 分類データの解析の問題

　この例から明らかなように分類データは情報が多数の成分に分散している。被験者が任意に刺激を分類するグループを作り，グループに属する刺激の数も全く任意に決められている。このことから1960年代には認知心理学の一部では分類データこそ拘束条件のない自由な形でデータを集めることができる方法であると考えられた。拘束条件がないということはデータ解析が簡単に行えないという問題を招いた。数量化の観点からは以上の解析で明らかなように比較的簡単に解析することができるデータのタイプで，それを示してくれたのが先に述べた高根(Takane, 1980 b)である。問題は手に負えないほどたくさんの情報がデータに含まれていること，つまり完全な情報の解析には驚くほどたくさんの成分を解釈しなくてはならないことである。

　その一つの手段は分類作業に拘束条件を加え，たとえば「次の動物を5つのグループに分類してください」というようにグループの数を指定することである。グループの数を制限しても解析の結果はあまり変わらないことが知られている(Mayenga, 1997)。もうひとつは，多数の成分に分散する分類情報をクラスター解析でまとめることである。これについては後ほどグラフの問題の中で検討しよう。

演習問題 4.

4-1　分類データを数量化以外の方法で解析しようとしたら，どのような方法が考えられるであろうか。少なくとも一つの方法を提案せよ。

4-2　分類データを完全に記述するには多くの成分を必要とする。しかし実際問題としてたとえば80の成分をすべて見ることはできない。何か実用的な方法があるであろうか。

4-3　分類に使うグループ数が大きい場合と小さい場合の長所と短所を述べよ。

5章

順位データの解析

5-0 はじめに

　分割表，多肢選択データ，分類データは，カテゴリーに反応があったかなかったか，あるいは反応が何個あったかという情報を担うデータで，それらの反応がカテゴリーの数量化に用いられた。つまりこのような反応をもつカテゴリーにはどういう重みを与えるかという問題であった。このように直接数量化の対象になる反応が存在するデータを一般にインシデンスデータ(incidence data)とよんでいる。このグループに属するデータには分割表の解析で見たように無意味な解(成分)が必ず含まれている。長年このインシデンスデータこそ数量化の対象であるとして取り上げられ，徹底的に研究されてきた。コレスポンデンスアナリシスは，負の値をとらないデータの解析法であるとグリーネーカー(M. J. Greenacre)は特徴づけているが，これはまさにインシデンスデータの数量化である。フランスの有名な統計学者ディデイ(E. Diday, 1975)の言葉によるとインシデンスデータの数量化理論は1975年までに完成されたという。しかし筆者の見るところインシデンスデータの数量化は今でも難しい問題を内包しており，方法論的には多くの問題を残している。これについては後ほど再検討しよう。

　数量化の観点から西里(Nishisato, 1993)はカテゴリーデータを二分している。一つはこれまで見てきたインシデンスデータ，もう一つはドミナンスデータとよばれるものである[*1]。この両者のデータとしては次のようなものが該当する。

---

　*1)　ドミナンス数というのは，西里(Nisisato, 1978)が提唱した言葉である。

(1) インシデンスデータ：分割表，多肢選択データ，分類データ
(2) ドミナンスデータ：順位データ，一対比較データ，継次カテゴリーデータ

　ドミナンスデータは順位データに代表されるもので，直接重みづけの対象になる数がない。なぜかというと順位が1，2，3であっても順位1が順位2よりどれだけ優れているかという情報が欠けているから順位をそのまま数量化しても数量の意味がわからない。順位を直接重みづけの対象にしてはという意見もあろうが，それならデータを順位測度とせず名義測度と考えるべきであり，なぜ1，2，3の重みづけを考えるのかという疑問が出る。これは数量化の観点からは難しいデータのタイプである。さらにドミナンスデータでは順位データで好き嫌いというように，尺度上でプラスの方向，マイナスの方向が含まれており，その数量化には負の値がでるという可能性も考えられる。
　ガットマン(Guttman, 1946)の研究に始まったドミナンスデータの数量化は順位データがあたかも間隔測度であるかのようにデータを数値計算にかけてきた。ガットマンに続き何人かの研究(Slater, 1960；Tucker, 1960；Carroll, 1972)がでたが，それらはすべて数学的に同じもの(固有値の最大化)であることを1978年に西里(Nishisato, 1978)が実証している。そして，数年程前ようやくコレスポンデンスアナリシスでもドミナンスデータの数式化が試みられるようになった(Torres-Lacomba & Greenacre, 2002；van de Velden, 2000)。しかしそれらはすべてガットマン，西里のものと同じ数式化に他ならない。1996年，西里はガットマン流の数量化の結果を順位測度の数量化として評価する方法を提唱した。その方法は簡単で，順位を整数として数式化したガットマン流の数量化から得られる結果をクームスの多次元展開法のモデルを用いて評価しようとするものである。それには刺激の射影された重みと被験者の標準化の重みをプロットする，つまり刺激を被験者の空間に射影すると，全空間では必ずクームスの多次元展開問題の解が得られるというものである。ここでクームスの多次元展開問題というのは，被験者と刺激を多次元空間にプロットした場合，被験者が1番とした刺激はその被験者に一番近いところにあり，2番とした刺激は二番目に近いところにある，というようにデータの示す順位関係がすべての被験者とすべての刺激に当てはまるような多次元布置を求めることである。このようにして西里はクームス(Coombs, 1964)の多次元展開模型とガットマン流の便宜的な数値法を融合し，ドミナンスデータの数量化の多次元グラフ法を開発した。

5-0 はじめに

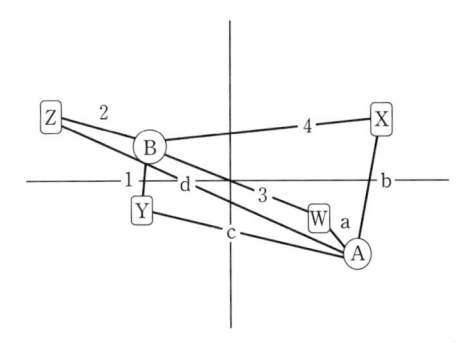

図 5.1 被験者 2 人，刺激 4 つの順位関係を満たす 2 次元グラフ

いま被験者 A と B が映画 W, X, Y, Z を好みの順に次のように並べたとしよう。

被験者 A : W＜X＜Y＜Z
被験者 B : Y＜Z＜W＜X

この場合の数量化の課題は 2 次元空間に 2 人の被験者と 4 つの映画の座標を上の順位関係が満たされるように決定することである。たとえば，図 5.1 は主観的ではあるが上の 2 つの関係を満たすグラフの一例である。被験者と映画の座標が示され，各被験者と映画 W, X, Y, Z の間の距離が直線で示されている。このグラフでは A に一番近いのが W で相対的距離は a, 次が X で距離は b, 次が Y で距離が c, 一番遠いのが Z で距離は d。同様に被験者 B に近いのは順番に Y, Z, W, X で相対的距離はそれぞれ 1, 2, 3, 4 で示されている。この両者を吟味すると被験者と映画の好みの順位が再現されていることがわかる。このようなグラフを示す座標が順位データの数量化の最終結果である。

被験者の数が増え，刺激の数も多くなると，このように各被験者の位置から刺激への距離がデータで得られた順序どおりになるような座標を求めることは直感的には難しくなる。空間で被験者と刺激が順位関係を満たしながら自由に動ける範囲も限られてくる。しかしどのような順位データが得られてもその順位を満たすような被験者と刺激の座標は常に得ることができる。つまり数量化の解は常に存在する。また後ほど検討するが，ドミナンスデータの数量化には，インシデンスデータの数量化にともなう難しい理論的な問題は存在しない。

5-1 順位データ

順位データは比較的簡単に得られる。たとえば就職の面接で5人の試験官が8人の応募者をもっともよいを一番として1番から8番まで順位づけした例が表5.1である。順位測度という観点からは第1番に8点を与えるべきかもしれないが，ここでは第1番は1ということにする。

順位データを集めるとき我々がよく耳にするのは次の受験者をもっともよい方から何人でもよいから順位づけるようにという教示である。これでは最初の試験官が2人の受験者だけ順位づけ，第2の試験官は全受験者を順位づけ，第3の試験官は最初の5人だけ順位づけするというように，不完全な順位データが得られ，情報回収の観点からは不経済なデータになってしまう。なぜなら誰かがもっともよい人に1を与え，あとの7人には順位を与えないと，その順位づけからはあとの7人の良し悪しの情報が得られないからである。西里(Nishisato, 1980)はこのような時には，順位づけられなかった受験者には，使われなかった順位の平均値を与えることを提唱している。たとえば受験者1が順位1，他の7人は順位づけられなかったとき，その平均値

$$\frac{2+3+4+5+6+7+8}{7}=\frac{35}{7}=5$$

を他の7人の順位とすることである。たしかにこれではこれら7人の良し悪しの情報がない。同様に，最後の3人を評価しなかった試験官の場合，順位づけられなかった受験者3人には6，7，8の平均値7が与えられる。本書では不完全順位データが得られたとき，この方法で完全データをつくり，それを数量化

表 5.1　試験官5人による受験者8人の評価順位

	受験者							
	1	2	3	4	5	6	7	8
試験官1	3	6	8	1	4	5	2	7
試験官2	2	7	5	3	1	8	4	6
試験官3	3	5	7	2	1	6	4	8
試験官4	1	8	6	3	2	7	5	4
試験官5	2	7	4	5	1	8	3	6

の対象とする。

　もう一つ順位データの特徴としてあげなくてはならないことは，順位データの順位は順位づける人の中でだけで比較が意味を持つということである。ある人の一番は別の人の一番とは違う。これは行により条件づけられたデータであるという。

5-2　計算の流れ

　順位データの場合，データをデルーウ(de Leeuw, 1973)の式で変換する。この変換は別の観点から西里(Nishisato, 1978)も導き出している(次章を参照)。まず試験官 i が受験者 j に与えた順位を R_{ij} で示そう。変換値 e_{ij}(ドミナンス数)は次式で与えられる。

$$e_{ij} = n+1-2R_{ij}$$

ただし n は受験者(刺激，変数)の数である。順位データの場合1を一番よいとする場合と，8を一番よいものとする場合があろう。数量化の結果には違いがないのでドミナンス数は方向を変えて次のように定義してもよい。

$$e_{ij} = 2R_{ij} - n - 1$$

ドミナンス数 e_{ij} は試験官 i が受験者 j を他の受験者より高く評価した数から他の受験者の方を低く評価した数を引いたもの，あるいはその逆である。たとえばこの例で順位3を与えられた受験者のドミナンス数は $8+1-2×3=3$ であるが，これは3のあとの順位(4, 5, 6, 7, 8)の数から3の前の順位(1, 2)の数を引いたものである。同様に順位5のドミナンス数は5のあとの順位(6, 7, 8)の数から5の前の順位(1, 2, 3, 4)の数を引いたもので $3-4=-1$ である。高く評価された順位の数から高く評価されなかった数の差であるから，どの試験官(被験者)の場合も受験者(刺激)全体のドミナンス数の和は0である。

$$\sum_{j=1}^{n} e_{ij} = 0, \quad i = 1, 2, 3, \cdots, N$$

すなわち試験官の数 N，受験者の数 n の $N×n$ のドミナンス数の表(行列) E の行和はすべて0となる。これは順位データ(そしてすべてのドミナンスデータ)には無意味な解がないということに通ずる。表5.1に対応するドミナンス数は表5.2の通りである。

　もし試験官の判断が一様で個人差がなければ受験者ごとにドミナンス数の平均値を計算して得点とすることも考えられよう。しかし数量化では試験官の判

表 5.2　5人の試験官と8人の受験者のドミナンス数

	受験者								
	1	2	3	4	5	6	7	8	合計
試験官1	3	−3	−7	7	1	−1	5	−5	0
試験官2	5	−5	−1	3	7	−7	1	−3	0
試験官3	3	−1	−5	5	7	−3	1	−7	0
試験官4	7	−7	−3	3	5	−5	−1	1	0
試験官5	5	−5	1	−1	7	−7	3	−3	0

断が同一でないという考えに基づき試験官に様々な重みを与え，重みづけられた受験者間のドミナンス数の平均値の分散が最大になるような重みを決める。

　その一つの解法はドミナンス表を交互平均法にかけるものであるが，この際次のことに注意しなくてはならない。西里(Nishisato, 1978)はドミナンス数の各要素は受験者の残りの$(n-1)$人との比較に基づいているものなので，各要素は$(n-1)$個の反応数の結果であるという考えで，$N \times n$のドミナンス表の列和(分割表のf_iに対応)と行和(分割表のf_jに対応)はそれぞれ$n(n-1)$と$N(n-1)$となり，これらの数を交互平均法の平均値の計算の分母に用いるべきことを提唱している。

　ドミナンス数の数量化には無意味な解が含まれないことが先に述べられた。したがって$N \times n$のドミナンス表から取り出せる成分の総数T_{comp}は

　　　$T_{comp} = n-1$　　$(N \geq n-1 の場合)$
　　　$T_{comp} = N$　　　$(N \leq n-1 の場合)$

例題の場合は上の式の後者に対応するので試験官5人に対応する5個の成分を摘出するとデータの全情報量が記述される。$N \times n$のドミナンス表の全情報量(固有値の総和)I_{total}は次式で与えられる(Nishisato, 1993)。

$$I_{total} = \sum_{k=1}^{T_{comp}} \rho_k^2 = \frac{n+1}{3(n-1)}$$

例題の場合は$I_{total} = 0.4286$となる。交互平均法による解析の統計量をまとめると表5.3の通りである。

　デルタの値を見ると第1と第2の成分が全情報量の91パーセントを捉えている。そこで我々の問題は二つの成分で，試験官と受験者の順位の関係がどれほど正しく再現されるかということである。これを調べるには試験官の標準座

5-2 計算の流れ

表 5.3 例題の数量化解析の統計量

	成分				
	1	2	3	4	5
固有値	0.3200	0.0717	0.0246	0.0110	0.0012
特異値	0.5657	0.2679	0.1569	0.1048	0.0353
デルタ	74.67	16.74	5.74	2.56	0.29
累積デルタ	74.67	91.41	97.15	99.71	100.00

標に受験者を射影したグラフ, つまり試験官の正規化された重み y_{ik} と受験者の射影された重み $\rho_k x_{jk}$ をグラフに示したもので調べればよい. この距離は1次元空間, 2次元空間, …T_{comp}次元で計算できるが, g次元空間での距離の2乗は次式で与えられる.

$$d_{ij(g)}^2 = \sum_{k=1}^{g} (y_{ik} - \rho_k x_{jk})^2$$

たとえば2次元空間でもとの順位にどれだけ近似できるかを考えてみよう. その基礎データは交互平均法から表5.4に示す結果として得られ, これらをプロットしたものが図5.2である. このグラフでは5人の試験官の座標は四角の囲み数字で, 受験者の位置は数字で示され, 各試験官と受験者の相対的距離が直線で示されている. これらの距離(本書では距離の2乗)が各試験官ごとに順位に変換され, それがデータの順位と比較される. 2個の特異値は $\rho_1 = 0.5657$

表 5.4 2成分の試験官の重み y_{ik} と受験者の重み $\rho_k x_{jk}$

	成分1	成分2		成分1	成分2
試験官1	−0.8313	−1.5980	受験者1	−0.6639	0.1295
試験官2	−1.1233	0.5156	受験者2	0.6062	−0.1798
試験官3	−1.0092	−0.8817	受験者3	0.4008	0.4064
試験官4	−1.0130	0.6214	受験者4	−0.4649	−0.3769
試験官5	−1.0012	1.0085	受験者5	−0.7952	0.1716
			受験者6	0.6799	−0.2723
			受験者7	−0.2366	−0.1701
			受験者8	0.4738	0.2917

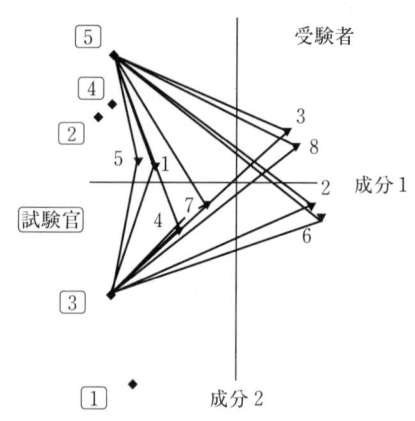

図 5.2 成分 1 と成分 2 のグラフ

表 5.5　2 次元空間における試験官と受験者の距離の 2 乗値

受験者	1	2	3	4	5	6	7	8
試験官 1	3.01	4.08	5.54	1.63	3.13	4.04	2.39	5.27
試験官 2	0.36	3.47	2.33	1.23	0.23	3.87	1.26	2.60
試験官 3	1.14	3.10	3.65	0.55	1.16	3.22	1.10	3.58
試験官 4	0.36	3.26	2.04	1.30	0.25	3.66	1.23	2.32
試験官 5	0.89	4.00	2.33	2.21	0.74	4.47	1.97	2.69

と $\rho_2=0.2679$ である。これらの数値を上の式に代入して 2 次元空間における各試験官と 8 人の受験者の距離の 2 乗を計算すると表 5.5 が得られる。これらの数値を各試験官内で順位づけたものが 2 次元空間における順位データの近似順位 (表 5.6) である。この表を見ると試験官 1 と 2 の順位は完全に再現されている。試験官 5 では受験者 3 と 4 の順位が逆になっている。これを正しい順位にするには次元数を増やさなくてはならない。図 5.2 には試験官 3 と 5 から各受験者までの距離が参考までに描かれている。

2 次元近似とデータを比較するとデータがかなりの精度で再現されていることがわかる。g 成分による g 次元空間での試験官と受験者の間の距離の 2 乗値を被験者ごとに順位に変換したものを $R_{ij(g)}$ で示そう。この順位とデータの順位が一致すれば g 成分による g 次元空間で試験官と受験者の間のインプット

5-2 計算の流れ

表 5.6　2 次元空間における順位の近似とデータの順位

受験者	2 次元近似								データ							
	1	2	3	4	5	6	7	8	1	2	3	4	5	6	7	8
試験官 1	3	6	8	1	4	5	2	7	3	6	8	1	4	5	2	7
試験官 2	2	7	5	3	1	8	4	6	2	7	5	3	1	8	4	6
試験官 3	3	5	8	1	4	6	2	7	3	5	7	2	1	6	4	8
試験官 4	2	7	5	4	1	8	3	6	1	8	6	3	2	7	5	4
試験官 5	2	7	5	4	1	8	3	6	2	7	4	5	1	8	3	6

の順位が完全に再現されたこととなる。この完全な解が得られない場合の近似の指標として，西里と西里(Nishisato & Nishisato, 1994)は次の指標を提唱している。

$$[\mathrm{A}] \quad D_{diff(g)}{}^2 = \sum_{j=1}^{n}(R_{ij}-R_{ij(g)})^2$$

この指標を使って例題の場合成分数の関数としてデータの順位再現度を計算すると表 5.7 の通りで，4 次元空間でこの統計量が 0 になるので，順位の完全な再現が得られた。この統計量は受験者の数 n に大きく左右されるので西里(Nishisato, 2007 a)は次の統計量を提唱している。

$$D_{diff(g)}{}^2 = \frac{1}{n}\sum_{j=1}^{n}(R_{ij}-R_{ij(g)})^2$$

しかしたとえば順位 3 と 4 が入れ違いになった場合 $(3-4)^2=1$ と $(4-3)^2=1$ で合計 2 となり，3 と 5 が入れ違いになると $(3-5)^2=4$ と $(5-3)^2=4$ で合計 8 がずれの統計量への寄与になる。この相対的な意味しかもたない指標に対して

表 5.7　8 人の受験者の順位再現の隔たりの 2 乗値[A]

次元数	1	2	3	4	5
試験官 1	38	0	0	0	0
試験官 2	0	0	2	0	0
試験官 3	18	16	4	0	0
試験官 4	10	14	2	0	0
試験官 5	6	2	0	0	0
総　和	72	32	8	0	0

表 5.8 8人の受験者の順位再現の統計量[B]

次元数	1	2	3	4	5
試験官1	1.00	0	0	0	0
試験官2	0	0	0.125	0	0
試験官3	0.625	0.500	0.250	0	0
試験官4	0.500	0.625	0.125	0	0
試験官5	0.250	0.125	0	0	0
総　和	2.375	1.250	0.500	0	0

本書ではもう少しわかりやすい統計量として次の指標を提唱したい。

$$[\text{B}] \quad D_{diff(g)} = \frac{1}{2n} \sum_{j=1}^{n} |R_{ij} - R_{ij(g)}|$$

順位の差の絶対値を加え，同じ順の違いが2回加算されているので和を2で割り，さらに n で割って平均値を出したものである。この方がわかりやすいように思われる。例題の場合この指標を用いると，表5.8が得られる。

このような統計量を出したのは記述する観点からであるが，この統計量を利用する場合には基準が必要になる。皆が納得するような基準を出すにはさらに研究が必要であるが本書では一応[B]の値が0.8以下であれば，その次元数でデータへの順位近似が満足であるということにしておこう。

以上が順位データの数量化の計算の流れであるが，少々複雑なので数値例を用いて検討した。分割表，多肢選択データ，分類データの数量化と違う点をあげると順位データが列により条件づけられたデータであること，ドミナンス表にデータを変換すること，無意味な解が含まれていないこと，交互平均法の使用には平均値を計算するための反応数(周辺度数)を新たに計算しなくてはならないこと，解析の結果の評価はデータに示される順位をどれだけ再現しているかによることである。これまでと同じく通常は多次元解を抽出するので，それらの成分の解釈もしなくてはならない。これは次の応用例で見ることにしよう。

5-3 温泉の魅力を解析する

　ここで用いるデータは著者が関西学院大学で講義のときに集めたデータである。データは表5.9のような10の温泉の魅力を，好みの順に1から10まで順位づけよという教示で，合計30人の学生から集められた（表5.10）。これに対応するドミナンス表は先に挙げた式により求められた（表5.11）。この表ではプラスがはじめに選ばれたもの（好まれたもの），マイナスが後に順位づけられたもの（あまり好まれなかったもの）ということであるから，もし個人差を無視するのであれば列（温泉の魅力）の平均を計算すればグループのおおよその好みの順位がわかるはずである。しかし，ドミナンス数を列ごとに見ると数値に一貫性がない。つまり大きな個人差があると考えられる。数量化では被験者にどのような重みをかけて列の平均値を計算すると，列間の平均値の差の分散が最大になるかという観点から重みを決定する。

　このドミナンス表を交互平均法にかける場合，上に述べたように行の平均値の計算に用いる分母は90（各ドミナンス数は各刺激を他の9個の刺激の比較に基づくと考えるので，行和はいずれも $9 \times 10 = 90$），列の平均値を求める際の分母は270（$9 \times 30 = 270$）を用いる。この計算から得られる統計量は表5.12，総情報量（固有値の和）は0.4061である。

　デルタを見ると最初の2成分が大きな貢献度を示しているのでおおよそのデータの構造はこの2成分で代表されそうである。そのあと第3，第4成分がそ

表 5.9　温泉の魅力どころ

A	:	日帰りができる
B	:	1万円以下で泊まれる
C	:	岩風呂がある
D	:	家族風呂がある
E	:	周りの景色が美しい
F	:	食べ物がおいしい
G	:	スポーツジムの施設がある
H	:	リゾートホテルの中にある
I	:	娯楽の施設がある
J	:	ペットを連れて行ける

表 5.10 30 人から得られた温泉の魅力の順位データ

被験者	A	B	C	D	E	F	G	H	I	J
1	9	7	6	8	1	5	3	2	4	10
2	9	10	7	8	3	6	2	4	5	1
3	8	10	4	9	2	6	3	5	7	1
4	9	4	2	1	5	3	7	6	8	10
5	6	1	3	7	5	2	4	6	8	10
6	10	9	1	5	2	3	6	4	7	8
7	9	2	1	5	4	3	8	6	7	10
8	7	5	3	9	4	1	8	6	2	10
9	5	1	6	7	3	2	9	8	4	10
10	8	3	1	9	4	2	5	7	6	10
11	5	3	6	9	2	1	8	7	4	10
12	9	8	6	5	4	1	2	3	7	10
13	8	9	4	7	2	1	6	3	5	10
14	6	4	9	5	3	1	2	10	7	8
15	9	10	6	2	4	5	8	3	7	1
16	8	7	1	10	2	3	6	4	5	9
17	9	8	5	4	3	2	10	6	7	1
18	5	1	6	7	3	2	9	8	4	10
19	7	6	8	3	4	5	1	9	10	2
20	1	10	6	9	4	5	8	3	7	2
21	10	5	1	8	2	3	6	4	7	9
22	10	9	1	5	2	3	4	6	7	8
23	9	1	2	8	3	4	7	6	5	10
24	10	7	6	2	4	5	3	8	9	1
25	2	1	3	10	7	4	5	9	8	6
26	1	2	4	9	6	3	5	10	7	8
27	2	1	5	7	6	4	3	8	10	9
28	2	1	3	10	6	4	5	9	8	7
29	1	2	3	10	9	4	5	6	7	8
30	1	2	4	10	8	3	5	6	8	9

5-3 温泉の魅力を解析する

表 5.11 30人から得られた温泉の魅力のドミナンス表

被験者	A	B	C	D	E	F	G	H	I	J
1	−7	−3	−1	−5	9	1	5	7	3	−9
2	−7	−9	−3	−5	5	−1	7	3	1	9
3	−5	−9	3	−7	7	−1	5	1	−3	9
4	−7	3	7	9	1	5	−3	−1	−5	−9
5	−1	9	5	−3	1	7	3	−1	−5	−9
6	−9	−7	9	1	7	5	−1	3	−3	−5
7	−7	7	9	1	3	5	−5	−1	−3	−9
8	−3	1	5	−7	3	9	−5	−1	7	−9
9	1	9	−1	−3	5	7	−7	−5	3	−9
10	−5	5	9	−7	3	7	1	−3	−1	−9
11	1	5	−1	−7	7	9	−5	−3	3	−9
12	−7	−5	−1	1	3	9	7	5	−3	−9
13	−5	−7	3	−3	7	9	−1	5	1	−9
14	−1	3	−7	1	5	9	7	−9	−3	−5
15	−7	−9	−1	7	3	1	−5	5	−3	9
16	−5	−3	9	−9	7	5	−1	3	1	−7
17	−7	−5	1	3	5	7	−9	−1	−3	9
18	1	9	−1	−3	5	7	−7	−5	3	−9
19	−3	−1	−5	5	3	1	9	−7	−9	7
20	9	−9	−1	−7	3	1	−5	5	−3	7
21	−9	1	9	−5	7	5	−1	3	−3	−7
22	−9	−7	9	1	7	5	3	−1	−3	−5
23	−7	9	7	−5	5	3	−3	−1	1	−9
24	−9	−3	−1	7	3	1	5	−5	−7	9
25	7	9	5	−9	−3	3	1	−7	−5	−1
26	9	7	3	−7	−1	5	1	−9	−3	−5
27	7	9	1	−3	−1	3	5	−5	−9	−7
28	7	9	5	−9	−1	3	1	−7	−5	−3
29	9	7	5	−9	−7	3	1	−1	−3	−5
30	9	7	3	−9	−5	5	1	−1	−5	−7

表 5.12 データの統計量

成分	1	2	3	4	5	6	7	8	9
固有値	0.153	0.105	0.042	0.037	0.024	0.023	0.013	0.005	0.004
特異値	0.391	0.324	0.205	0.192	0.156	0.152	0.115	0.071	0.061
デルタ	37.70	25.80	10.31	9.10	5.98	5.66	3.27	1.23	0.91
累積デルタ	37.70	63.50	73.81	82.91	88.89	94.55	97.82	99.05	100.00

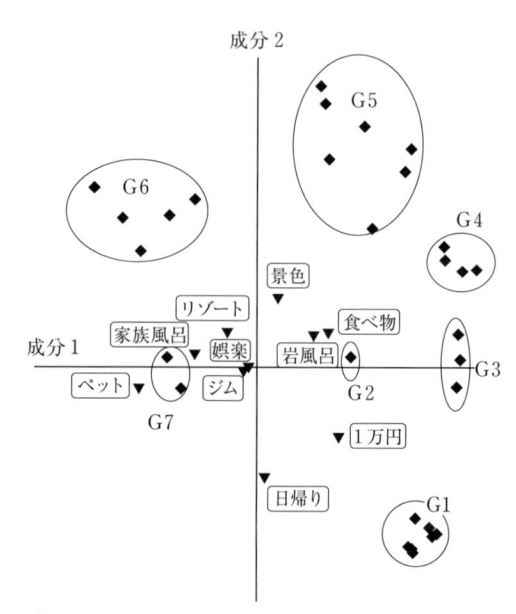

図 5.3 成分1と成分2にみる温泉の魅力（▼印）と被験者の好み（◆印）

れぞれ10パーセント近くの貢献度を示しているので，これらが捉えるデータの構造も調べるべきであろう．それでは，まず第1と第2の成分のグラフを見ることにしよう（図5.3）．この際被験者の正規化された重み，温泉の魅力の射影された重みをグラフの座標とする．ここでは各被験者と温泉との距離がグラフに示されていないが，一瞥しておおよその相対的距離を判断して欲しい．

　このグラフには被験者の番号を入れていないが，おおよそのクラスターをグループ番号で示した．G1に6人の被験者がいるが，このグループの第1の好み（グループに1番近いところにあるもの）は1万円以下の宿泊先，次いで（2

5-3 温泉の魅力を解析する

番目に近いものは)日帰りのできるところである．その次をあえて探せば，食べ物のおいしいところ，岩風呂のあるところであろうか．この図の原点に近いところにジムと娯楽施設があるが，これらが原点に近いということはこの二つの成分にあまり貢献していないということなので，これらは図5.3の解釈からはずしてよいであろう．G2は1人であるが，この被験者に近いのは食べ物と岩風呂である．同様にG3の3人も食べ物，岩風呂，景色に近い．G4の4人の好みもG3に近いが両者の違いはG3が1万円に近いこと，G4は景色に近いことであろう．G5は景色，食べ物，岩風呂，リゾートである．G6はリゾート，家族風呂，ペットと泊まれるところであろうか．G7の2人にはペットと泊まれる所，家族風呂のあるところが最初に選ばれている．このように見ると，通常平均値でどれが一番というような決め方をすることには大きな問題があるといわざるをえない．観光業者にとっては温泉の魅力の布置と被験者のクラスターの大きさが関心事となるであろう．

　成分1と成分2のグラフで娯楽施設とジムが原点の近くにあり，この両者は多分次の成分に貢献していると思われるので，成分1と成分3のグラフを見ることにしよう(図5.4)．ここでは成分3の貢献はグラフの上下の対比で示されるが，G1，G2，G3はジム，家族風呂を第一とするようであり，G4は娯楽

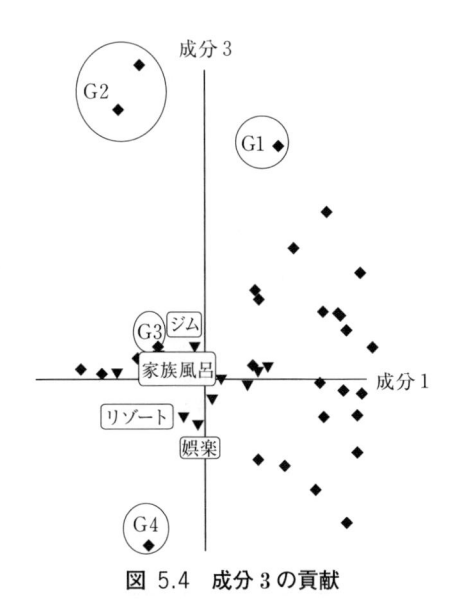

図 5.4　成分3の貢献

施設，リゾート地を好んでいる．

以上の3成分で73パーセントの情報が説明されているが，これらがどれほどデータの順を再現するものであるか順位の再現度を計算してみよう．本書で提唱された統計量を見ることにする．データは成分1だけでは再現度にあまり

表 5.13　2次元，3次元，4次元，5次元空間での順位の再現度

成分数		2	3	4	5
被験者	1	0.80	0.70	0.80	0.10
	2	0.85	0.90	0.20	0.40
	3	1.35	1.10	0.35	0.00
	4	1.05	0.90	0.50	0.40
	5	1.35	0.35	0.45	0.45
	6	0.50	0.40	0.40	0.30
	7	0.45	0.70	0.30	0.10
	8	0.50	0.40	0.40	0.40
	9	0.50	0.50	0.40	0.40
	10	0.30	0.30	0.30	0.30
	11	0.60	0.80	0.50	0.50
	12	0.90	0.65	0.70	0.50
	13	0.40	0.50	0.50	0.20
	14	1.30	0.80	0.90	0.60
	15	0.60	0.50	0.60	0.20
	16	0.40	0.30	0.00	0.00
	17	1.50	1.25	1.30	0.50
	18	0.50	0.50	0.40	0.40
	19	1.40	0.20	0.20	0.20
	20	1.55	1.10	0.90	0.70
	21	0.45	0.50	0.50	0.40
	22	0.70	0.30	0.30	0.30
	23	0.50	0.35	0.30	0.40
	24	1.15	0.30	0.30	0.20
	25	0.60	0.60	0.60	0.10
	26	0.50	0.40	0.40	0.30
	27	0.70	0.50	0.30	0.30
	28	0.60	0.50	0.40	0.10
	29	0.70	0.50	0.30	0.30
	30	0.55	0.55	0.35	0.20

5-3 温泉の魅力を解析する

期待できないので，成分の数として2, 3, 4, 5の場合についてみることにする(表5.13)．

これらの統計量をどのように解釈し実際に必要な成分数の決定に使うかは今

表 5.14 データの順位と3成分(3次元)空間で再現された順位

被験者	データの順位										再現された順位									
	A	B	C	D	E	F	G	H	I	J	A	B	C	D	E	F	G	H	I	J
1	9	7	6	8	1	5	3	2	4	10	10	8	2	7	1	4	6	3	5	9
2	9	10	7	8	3	6	2	4	5	1	9	10	7	1	4	8	5	2	6	3
3	8	10	4	9	2	6	3	5	7	1	10	9	7	1	2	8	4	3	6	5
4	9	4	2	1	5	3	7	6	8	10	10	5	3	6	2	1	4	7	8	9
5	6	1	3	7	5	2	4	6	8	10	6	2	3	7	4	1	5	9	8	10
6	10	9	1	5	2	3	6	4	7	8	10	8	3	6	1	2	5	4	7	9
7	9	2	1	5	4	3	8	6	7	10	9	4	2	8	3	1	5	7	6	10
8	7	5	3	9	4	1	8	6	2	10	7	6	1	9	3	2	8	5	4	10
9	5	1	6	7	3	2	9	8	4	10	6	1	3	9	4	2	7	8	5	10
10	8	3	1	9	4	2	5	7	6	10	9	4	2	8	3	1	5	7	6	10
11	5	3	6	9	2	1	8	7	4	10	9	4	2	8	3	1	5	7	6	10
12	9	8	6	5	4	1	2	3	7	10	10	8	3	5	1	2	4	6	7	9
13	8	9	4	7	2	1	6	3	5	10	10	8	2	7	1	3	6	4	5	9
14	6	4	9	5	3	1	2	10	7	8	7	3	5	4	6	2	1	9	10	8
15	9	10	6	2	4	5	8	3	7	1	9	10	7	1	4	8	5	3	6	2
16	8	7	1	10	2	3	6	4	5	9	9	6	1	8	2	3	7	4	5	10
17	9	8	5	4	3	2	10	6	7	1	10	9	5	2	1	6	4	3	8	7
18	5	1	6	7	3	2	9	8	4	10	6	1	3	9	4	2	7	8	5	10
19	7	6	8	3	4	5	1	9	10	2	8	6	7	2	4	5	1	9	10	3
20	1	10	6	9	4	5	8	3	7	2	3	10	6	5	7	9	8	2	1	4
21	10	5	1	8	2	3	6	4	7	9	9	7	3	8	2	1	6	4	5	10
22	10	9	1	5	2	3	4	6	7	8	10	8	3	5	1	2	4	6	7	9
23	9	1	2	8	3	4	7	6	5	10	8	4	2	9	3	1	7	6	5	10
24	10	7	6	2	4	5	3	8	9	1	10	8	6	1	4	5	2	7	9	3
25	2	1	3	10	7	4	5	9	8	6	2	1	5	8	7	3	4	9	6	10
26	1	2	4	9	6	3	5	10	7	8	2	1	4	8	7	3	5	9	6	10
27	2	1	5	7	6	4	3	8	10	9	4	1	5	6	7	3	2	10	8	9
28	2	1	3	10	6	4	5	9	8	7	2	1	4	8	7	3	5	9	6	10
29	1	2	3	10	9	4	5	6	7	8	2	1	3	9	8	4	6	7	5	10
30	1	2	4	10	8	3	5	6	8	9	2	1	4	9	7	3	6	8	5	10

後の問題である。一つだけいえることは被験者によって比較的少ない次元で順位が再現できるかできないかが異なることである。双対性の関係からいえば，同じことが刺激にも当てはまるはずである。つまり刺激により情報がわずかの成分で説明されるもの，説明されないものがあるということである。このことから一般に通ずる結果を得るには特に被験者に関しては無作為抽出の考えが必要である。

再現度の統計では刺激が込みになってしまっているが，実際には各被験者が各刺激の順位をどれだけ再現しているかという表の方が理解しやすいであろう。その例として最初の成分3個で再現された順位表(表5.14)をここに示そう。

この表から3成分，3次元空間のグラフでおおよその順位関係は表現されていることがわかる。データ解析の観点からは順位の正確な再現よりはデータがおおよそどのようなことを示しているかが重要な点で，この例のように被験者の分布は一様ではなく広く分散しており，あるグループは日帰りができるか，1万円以下で泊まれるかを選び，あるグループはペットと泊まれるところを第一としている。あるいは岩風呂のある温泉を第一とする者もいる。このような情報は旅行業者にとっては，どのような温泉がもっとも喜ばれるかということを平均の順位で決めるよりは，旅行者の好みをいろいろ反映した情報のほうがはるかに役に立つのではないであろうか。データの収集のとき，さらに被験者に関する情報(例：年齢，結婚か未婚，性別，ライフスタイルに関する情報)を集めておけば，順位データの数量化の解析の解釈がさらに意味を持ってくるはずである。

5-4 計算に関するノート

因子分析や主成分分析でよく問題があるデータ(ill-conditioned data)としてプログラムが止まることがある。これは通常は変数間の相関行列が変数の数より少ない被験者から計算されたときに起こる。数量化の場合は，行と列がともに同じレベルで解析の対象になっているので，そのようなことは考えられない。事実，ここで検討した方法に基づいてプログラムを書くと，たとえ被験者が1人の場合でも解が計算される。被験者数が変数の数より大きいとか小さいとかという問題は，数量化の場合問題にならない。また順位データの場合，成分1個で情報の100パーセントが説明されるというのは，被験者が1人の場合

と被験者が多くいても皆がすべての変数を同じに順位づけた場合だけである。

　ドミナンスデータの特徴は，被験者×刺激というデータ表が行に関して条件づけられていることである。行内の比較はできるが，行間の数値は比較できないということである。つまりある被験者の1番と別の被験者の1番を同値であるとはみなせない。さらにこれは各行の総和が等しいといういわゆるイプサティヴ(ipsative)データとよばれるものでデータ解析では厄介な問題となる。たとえば，それにより列間の順位相関は全く無意味であるというデータ解析にとっては大変深刻なことが起こる。たとえば2列しかない順位データであれば，列間の相関は常に-1となる。3列ある順位データでも列間の相関は負となる。このような事態に対して数量化では各列に関して原点をゼロにした後，被験者に様々な重みをつけて出した列の得点の分散が最大になるような数量化をする。これでデータの行に関する拘束条件から完全に開放されるというわけではないが，通常の列間の相関が負になるというような過度の影響は緩和される。

　クームス(Coombs, 1964)の多次元展開法とここで紹介した順位データの数量化は目的が同じであるが，両者にはいろいろな違いがある。解の証明として数量化ではクームスの基準を採用しているが，実際の計算には順位をあたかも間隔測度であるかのように計算しているのに対し，クームスの意図はデータをあくまでも順位測度として扱うことにある。そのクームスの意図は正しいが，実践が難しい。

演習問題5.

5-1　インシデンスデータとドミナンスデータの違いを数量化の観点から列記せよ。

5-2　順位が同じ場合それらの刺激には平均順位が与えられるが，ドミナンス数の総和は0になるであろうか。数値例を用いて示せ。

5-3　5×7の人工順位データを作り一つは完全な順位データ(各行に順位1, 2, 3, 4, 5, 6, 7が現れる)，もう一つは同じデータを使い不完全順位データを作る。ただし各被験者が最初の二刺激だけを順位づけ，他は3, 4, 5, 6, 7の平均順位5を与えるとする。この二つのデータを解析して結果を比較せよ。

6章

一対比較データの解析

6-0 はじめに

ガットマン(L. Guttman, 1946)が示したように順位データの数量化の数式はそのまま一対比較データの数量化にも応用できる。しかし順位データと一対比較データには違いがあるので,両者を切り離して記述することにしよう。まず一対比較データとはどのようなものかを例によって見よう。

6-1 一対比較データ

4種類のジュース(オレンジ,ストロベリー,アップル,マンゴ)の好みを測定したい。被験者8人に表6.1のような質問をした。これにより得られたデータはジュースの対を単位とするので,被験者×対の表(表6.2)に収められる。ただし O=オレンジ,S=ストロベリー,A=アップル,M=マンゴとする。

表 6.1 一対比較データの例

「それぞれの対のうち,第一のジュースを好む場合は1,第二のジュースを好む場合は2,どちらが好きか判断できない場合は0で答えよ」

対	答え
(オレンジ, ストロベリー) ------------- (	)
(オレンジ, アップル) ---------------- (	)
(オレンジ, マンゴ) ------------------ (	)
(ストロベリー, アップル) ------------ (	)
(ストロベリー, マンゴ) -------------- (	)
(アップル, マンゴ) ------------------ (	)

表 6.2　8人からの一対比較データ

被験者	対					
	(O, S)	(O, A)	(O, M)	(S, A)	(S, M)	(A, M)
1	1	2	1	2	1	1
2	1	1	1	2	2	1
3	2	2	2	1	2	2
4	2	1	2	2	0	2
5	1	0	1	2	1	1
6	1	2	1	2	1	1
7	2	1	2	1	2	2
8	1	2	2	1	2	2

　順位データではすべてのジュースを1から4までの順位に並べるが，一対比較の場合は二つずつ順位の比較をしている．したがって一対比較には順位データにない非推移反応という問題がある．たとえば，ある被験者が，(A, B)，(B, C)，(A, C)という対に対してA>B，B>C，C>Aと反応したとしよう．初めの2対からは，A>B>Cという好みの順序がでるにもかかわらず，3番目の対でC>Aという反応をしている．これは野球の試合でAがBに勝ち，BがCに勝ったが，CはAを破ったというのと同じである．これが非推移反応の例である．従来の一次元尺度法では，このような反応は予期しないので非推移反応は誤反応と考えられたが，多次元を想定する数量化では誤反応と考える必要がなく，問題とはならない．そのような関係は，多次元空間で処理できるし我々の目的はデータに忠実な解析をすることにあるので，数量化では誤反応というものがない．

　一対比較データの数量化ではデータ表の大きさが $N \times [n(n-1)/2]$ となる．ただしNは被験者数，nは刺激の数(例，ジュースの数)で，対(A, B)の比較は対(B, A)の比較と同じものとして取り扱う．しかし味の測定などでは，たとえばスープAを味わってからスープBを味わうのと，その逆にスープBを味わってからスープAを味わうとでは区別をしなくてはならないことがある．そのような場合には，(A, B)，(B, A)は違う対として扱わなくてはならないのでデータ表の大きさは $N \times [n(n-1)]$ となる．全成分の数は順位データの場合と全く同じであるが情報量は同じでない．これは後ほど検討する．それでは順位データと比較しながら一対比較データの数量化の流れを見よう．

6-2 計算の流れ

　一対比較データの場合は順位の代わりに好きか嫌いかという関係であるので，ある刺激のドミナンス数というのは，その刺激が他の刺激に対して好まれた総数からその刺激が好まれなかった総数を引いた数である．順位データの場合と同じく，ドミナンス数は各被験者について定義される．一対比較データの場合，次の反応変数を介して得られる．まず被験者 i の刺激対 (X_j, X_k) の反応変数 $_ie_{jk}$ を定義する．

$$_ie_{jk} = \begin{cases} 1 \\ 0 \\ -1 \end{cases}$$

被験者 i が刺激 j を刺激 k より好んだ場合は 1，同じ好みか好みの順がわからない場合は 0，刺激 k を刺激 j より好んだ場合は -1 をとるという変数である．被験者 i の刺激 j のドミナンス数 e_{ij} は次式により定義される．

$$e_{ij} = \sum_{k=1 (k \neq j)}^{n} {_ie_{jk}}$$

ただし $_ie_{jk} = -{_ie_{kj}}$ であることに注意して欲しい．たとえば刺激数が 5 の場合，被験者 i の刺激 3 のドミナンス数は

$$e_{i3} = {_ie_{31}} + {_ie_{32}} + {_ie_{34}} + {_ie_{35}} = -{_ie_{13}} - {_ie_{23}} + {_ie_{34}} + {_ie_{35}}$$

となる．例題の場合，反応変数表とドミナンス表はそれぞれ表 6.3，表 6.4 の

表 6.3　8 人からの一対比較の反応変数表

被験者	対					
	(O, S)	(O, A)	(O, M)	(S, A)	(S, M)	(A, M)
1	1	−1	1	−1	1	1
2	1	1	1	−1	−1	1
3	−1	−1	−1	1	−1	−1
4	−1	1	−1	−1	0	−1
5	1	0	1	−1	1	1
6	1	−1	1	−1	1	1
7	−1	1	−1	1	−1	−1
8	1	−1	−1	1	−1	−1

表 6.4 8人からの一対比較のドミナンス表

被験者	対				和
	O	S	A	M	
1	1	−1	3	−3	0
2	3	−3	1	−1	0
3	−3	1	−1	3	0
4	−1	0	−1	2	0
5	2	−1	2	−3	0
6	1	−1	3	−3	0
7	−1	1	−3	3	0
8	−1	−1	−1	3	0

通りである。反応変数表は表6.2の2を−1に代えればよい。ドミナンス表は $N \times n$ で，順位データの場合と同じ大きさで行和がすべて0となっている。ドミナンス表が解析の対象となり，たとえば交互平均法にかけるのであれば，順位データの場合と同じく，各要素は $(n-1)$ 個の比較に基づいているという考えから，行和，列和はそれぞれ $n(n-1)$, $N(n-1)$ となり，これらが交互平均の計算の分母に用いられる。このあとの計算は順位データの場合と変わりない。

交互平均法により被験者の重みと刺激の重みが決まったとしよう。順位データの場合と同じく，被験者の正規化された重みと刺激の射影された重みをグラフに描く。もしグラフがデータの全情報を担っている場合であれば，各被験者について2個の刺激の位置を見ると被験者が選んだ刺激は選ばれなかった刺激より被験者の近くにあるということがすべての被験者と刺激の対に関して満たされているはずである。

6-3 旅先としての都市の魅力調査

このデータは筆者が関西学院大学で講義のときに集めたものである。データは次のようにして20人の学生から集められた（表6.5）。都市の数が8あるので合計28(8×7÷2)の対ができ一対比較のデータは20×28となる（表6.6）。都市の名称はアルファベット順に次のとおりである。A＝アテネ，H＝ホノルル，I＝イスタンブール，L＝ロンドン，M＝マドリッド，P＝パリ，R＝ロー

6-3 旅先としての都市の魅力調査

表 6.5　旅行先としての都市の魅力調査

「次の各対のうち，どちらが旅行先として魅力的か，丸をつけて選択してください」

(ロンドン，ホノルル)，(パリ，アテネ)，(イスタンブール，パリ)，
(シドニー，ロンドン)，(マドリッド，シドニー)，(イスタンブール，アテネ)，
(シドニー，イスタンブール)，(ホノルル，マドリッド)，(アテネ，ローマ)，
(ローマ，ロンドン)，(パリ，ローマ)，(ロンドン，イスタンブール)，
(パリ，ロンドン)，(アテネ，ロンドン)，(ホノルル，アテネ)，
(イスタンブール，マドリッド)，(パリ，シドニー)，(マドリッド，ロンドン)，
(ローマ，ホノルル)，(シドニー，アテネ)，(ローマ，マドリッド)，
(ホノルル，イスタンブール)，(ホノルル，パリ)，(ホノルル，シドニー)，
(イスタンブール，ローマ)，(マドリッド，パリ)，(ローマ，シドニー)，
(アテネ，マドリッド)．

表 6.6　20人から得られた8都市に対する一対比較データ

学生	AH	AI	AL	AM	AP	AR	AS	HI	HL	HM	HP	HR	HS	IL	IM	IP	IR	IS	LM	LP	LR	LS	MP	MR	MS	PR	PS	RS
1	1	2	2	2	1	2	1	2	2	2	2	2	2	2	1	1	1	1	1	1	1	1	1	1	1	2	1	1
2	1	1	1	1	1	2	1	2	2	2	2	2	2	2	2	1	1	2	2	1	2	2	1	2	2	1	1	1
3	1	1	2	1	2	2	2	1	1	1	2	2	2	2	1	2	2	2	1	2	1	2	2	2	1	1	1	2
4	1	1	2	1	2	2	1	1	2	1	1	2	2	2	2	2	2	2	1	1	1	1	2	2	2	2	1	1
5	2	1	2	2	2	2	2	1	2	2	2	1	2	2	2	2	2	2	1	2	1	1	2	1	1	1	1	2
6	1	1	1	1	1	1	1	2	2	2	2	2	2	1	1	1	1	1	1	2	1	1	1	1	1	1	1	1
7	2	1	1	1	1	2	1	1	2	1	1	1	1	1	2	2	2	1	2	2	2	2	1	1	1	1	2	2
8	1	1	2	1	2	2	1	2	2	2	2	2	1	2	2	2	1	1	2	1	1	2	1	2	1	1	1	1
9	1	2	1	2	1	1	1	2	2	2	2	2	1	1	2	2	1	1	2	1	2	1	1	1	1	1	2	1
10	1	1	1	2	1	1	1	2	2	2	2	2	2	1	1	1	2	1	1	1	2	2	1	1	1	2	1	1
11	1	1	2	1	1	1	2	2	2	2	2	2	2	1	1	1	1	2	2	2	2	1	2	2	1	2	1	1
12	1	1	1	1	1	1	1	2	2	2	2	2	2	1	2	2	2	1	1	1	2	1	1	2	1	2	1	1
13	1	1	1	1	1	1	1	2	2	2	2	2	2	1	2	1	2	1	2	1	2	1	2	1	2	2	2	1
14	2	2	2	2	2	2	2	1	1	1	2	1	1	2	1	2	1	2	1	1	1	1	2	1	2	2	1	1
15	1	2	1	1	1	1	2	2	1	1	1	2	1	1	1	1	1	2	2	1	2	2	2	2	2	2	1	2
16	1	2	1	1	1	1	1	2	1	1	1	1	1	1	1	1	1	2	2	1	2	2	2	2	2	2	1	1
17	2	2	2	2	2	2	2	1	1	1	1	1	1	1	1	1	1	1	2	1	2	2	2	2	2	2	2	2
18	2	2	2	2	2	2	2	1	1	1	1	2	2	2	2	2	1	1	1	2	2	2	2	2	2	2	2	2
19	2	2	2	2	2	2	2	2	2	2	2	2	2	2	2	2	2	2	1	1	1	1	2	2	2	1	1	2
20	1	1	1	1	1	1	1	2	2	2	2	2	2	1	1	1	1	1	2	2	2	2	2	2	2	1	2	2

マ，S＝シドニー．データ表の列に示される28の対は次の順に並べられている．(A, H)，(A, I)，(A, L)，(A, M)，(A, P)，(A, R)，(A, S)，(H, I)，(H, L)，(H, M)，(H, P)，(H, R)，(H, S)，(I, L)，(I, M)，(I, P)，(I, R)，(I, S)，(L, M)，(L, P)，(L, R)，(L, S)，(M, P)，(M, R)，(M, S)，(P, R)，(P, S)，(R, S)．この表から得られるドミナンス表は20×8で表6.7に示すとおりである．ドミナンス表の行和はすべて0である．

7成分の統計量は表6.8に示すとおりで，第1成分と第2成分の貢献度が大きく，この2成分で全情報の67パーセントを占める．第3成分からは各成分の貢献度は11パーセント以下となっている．したがって第1成分を横軸に，第2成分を縦軸にしたグラフ(図6.1)で大雑把なデータの情報が理解できるはずである．

このグラフによると，旅の行き先の魅力はかなり満遍なく広がっており，グ

表 6.7　都市の魅力調査のドミナンス表

学生	A	H	I	L	M	P	R	S
1	−1	−7	3	7	5	−3	1	−5
2	5	−7	−3	1	−1	5	5	−5
3	−1	−1	−5	1	−5	7	1	3
4	1	−1	−7	7	−5	1	5	−1
5	−5	−1	−7	5	3	7	−3	1
6	7	−7	5	1	1	1	−3	−5
7	3	5	−3	−3	−3	1	−1	1
8	1	−5	−3	5	1	7	1	−7
9	3	−5	3	−1	7	−1	1	−7
10	5	−5	3	−1	1	−1	3	−5
11	5	−5	3	−1	1	−1	3	−5
12	5	−7	−1	1	1	−1	7	−5
13	7	−7	1	−3	3	−5	5	−1
14	−7	5	−1	3	−3	3	5	−5
15	3	1	5	−5	−7	−1	−1	5
16	5	3	7	−5	−3	−1	1	−7
17	−7	7	5	−1	−5	−1	−1	3
18	−7	5	−5	3	−3	−1	1	7
19	−7	−5	−3	7	−1	5	1	3
20	7	−7	5	−5	−3	1	−1	3

6-3 旅先としての都市の魅力調査

表 6.8 7成分の基礎統計量

成分	1	2	3	4	5	6	7
固有値	0.153	0.098	0.041	0.033	0.023	0.018	0.007
特異値	0.392	0.313	0.202	0.180	0.152	0.136	0.082
デルタ	41.2	26.2	11.0	8.7	6.2	5.0	1.8
累積デルタ	41.2	67.4	78.4	87.1	93.3	98.2	100.0

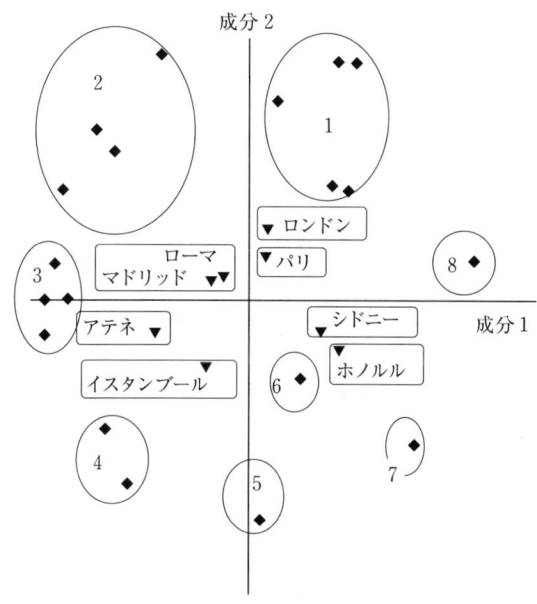

図 6.1 成分1と成分2のグラフで被験者(◆印)の標準座標に都市(▼印)を射影している

グループ1はロンドンとパリが第一，グループ2はロンドン，パリ，ローマ，マドリッドを好み，グループ3はアテネ，イスタンブール，マドリッド，ローマを好み，グループ4はアテネとイスタンブール，被験者5はイスタンブール，被験者6はホノルルとシドニー，被験者7はホノルル，被験者8はホノルル，シドニー，ロンドン，パリなどが第一候補となっている。この全体の被験者群にとってはこれらの都市のそれぞれが誰かに好まれているという感じで，これでは平均値による都市の好みを計算しても無意味であろう。

6-4 クリスマスパーティの案の選択

これは筆者がトロント大学の講義のとき学生の一人イアンウイギンズがパートタイムで働いていたある研究所でデータを集めたものである（ウイギンズは現在トロントで知名なコンサルタント）。彼は表6.9のような8案の一対比較

表 6.9 クリスマスパーティの8つの案

1. 夜，誰かの家で食べ物持ち寄りのパーティ
2. 日中，会議室で食べ物持ち寄りのパーティ
3. 仕事のあとレストラン，バーの飲み歩き
4. 値段が手ごろな近くのレストランで昼食会
5. 個人任せ（パーティはしない）
6. レストランで豪華な晩餐会
7. 仕事のあとまっすぐ誰かの家で夕刻の持ち寄りパーティ
8. 立派なレストランで豪華な昼食会

表 6.10 クリスマスパーティ案の一対比較データ

被験者	1-2	1-3	1-4	1-5	1-6	1-7	1-8	2-3	2-4	2-5	2-6	2-7	2-8	3-4	3-5	3-6	3-7	3-8	4-5	4-6	4-7	4-8	5-6	5-7	5-8	6-7	6-8	7-8
1	1	1	2	1	1	2	1	2	2	2	2	2	2	1	1	2	1	1	1	2	1	1	2	1	2	1	2	2
2	2	2	2	1	2	1	2	1	2	1	2	1	2	2	1	1	1	2	1	1	1	2	2	2	2	1	2	2
3	1	1	1	1	2	1	1	1	1	2	1	1	1	1	2	1	1	1	1	2	1	2	2	2	2	1	1	
4	2	1	1	1	2	1	1	1	1	1	2	1	2	2	1	1	1	2	2	2	2	2	2	2	2	2	2	2
5	2	2	1	2	1	2	2	2	1	2	2	1	2	1	1	1	1	2	2	1	2	2						
6	1	1	1	1	1	1	2	2	1	2	2	2	2	1	2	2	2	1	1	1	1	2	2	2	2	1		
7	1	1	1	1	2	1	1	2	1	2	1	2	1	2	1	1	1	2	1	2	2	2	2	2	2	1		
8	1	1	1	1	1	1	2	1	1	2	2	1	2	2	1	1	1	2	2	1	2	1	1					
9	1	2	2	1	2	1	2	2	1	2	2	2	2	1	1	1	1	1	1	1	2	2	2	2	2	1		
10	1	2	1	1	2	2	2	2	2	1	1	1	1	1	1	2	2	2	2	2	2	1	1	2				
11	1	2	1	1	1	2	2	2	2	2	1	1	1	1	1	1	1	1	1	2	2	2	2	2	2			
12	2	2	2	1	2	2	1	2	1	1	1	1	2	1	1	1	1	1	1	1	1	1	1	2	2	1		
13	1	2	1	1	2	1	2	2	2	2	2	2	2	1	1	1	1	1	2	1	2	2	2	2	1	1	2	
14	2	2	2	2	1	2	1	2	1	1	1	1	1	1	1	1	1	2	1	2	1	1	2	1	2	1	1	

6-4 クリスマスパーティの案の選択

で14人の被験者からデータを集めた(表6.10)。ドミナンス表(表6.11)は被験者間にかなりの似た好みが見受けられるが，まず解析の統計量(表6.12)を検討しよう。

　このデータも最初の2成分が大きな情報を担っている。しかし第3，第4成分も比較的に情報が多く，第5成分で寄与が少なくなる。まず第1成分と第2成分のグラフ(図6.2)では多くの被験者がA群に属し，この被験者たちは，持ち寄りのパーティ，飲み歩き，手ごろな値段の昼食会という案に近く，いわば気楽なパーティを望んでいるようである。そしてこのグループから一番遠く

表 6.11　クリスマスパーティ案のドミナンス表

被験者	案							
	1	2	3	4	5	6	7	8
1	3	−7	1	5	−1	−3	5	−3
2	−3	1	1	5	−7	1	−5	7
3	5	3	1	−1	−7	−3	7	−5
4	1	5	−5	3	−7	−3	−1	7
5	−3	−3	1	7	−7	3	−3	5
6	7	−5	−3	5	−7	−1	3	1
7	5	1	−1	3	−7	−5	7	−3
8	5	−1	−3	1	−5	3	7	−7
9	1	−3	5	3	−7	−5	7	−1
10	−1	−5	7	−3	−7	5	1	3
11	5	−7	7	3	−5	−3	−1	1
12	−5	5	3	7	1	−7	−1	−3
13	1	−7	7	−1	−5	5	−3	3
14	−3	5	7	−1	1	−5	3	−7

表 6.12　基礎統計量

成分	1	2	3	4	5	6	7
固有値	0.141	0.110	0.065	0.055	0.028	0.013	0.006
特異値	0.376	0.331	0.255	0.235	0.169	0.114	0.075
デルタ	33.72	26.24	15.59	13.18	6.80	3.12	1.35
累積デルタ	33.72	59.96	75.55	88.73	95.53	98.65	100.00

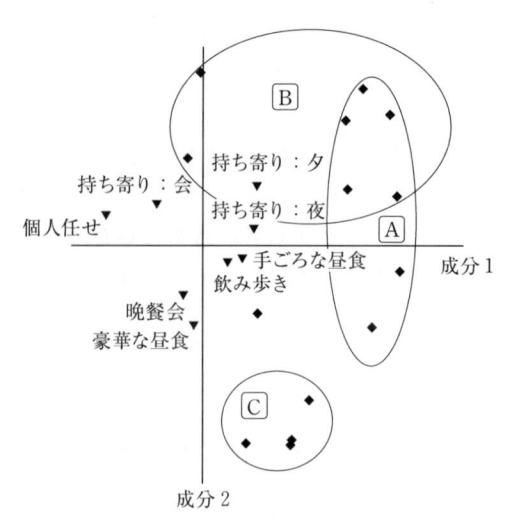

図 6.2 成分1と成分2のグラフで被験者(◆印)の標準座標に
パーティ案(▼印)を射影している

にあるのは「個人任せ」、つまり皆でパーティはしないという案である。第2成分は、パーティの費用に関する次元のようである。B群の被験者は比較的安価な案を好み、C群の被験者は豪勢な昼食会、晩餐会、飲み歩きという費用のかかる案に近い。第3の成分はどうであろうか。図6.3を見ると成分3はA群が昼間のパーティを好んでいる(持ち寄り：会議室というのは14人の被験者が勤務先の会議室でということで日中と解釈してよいであろう)のに対して、B群の被験者は夜の持ち寄りパーティ、夜の飲み歩き、晩餐会を好んでいるのであるから成分3はいつパーティをするかという時間に関した次元である。それでは第4成分は何を示すものであろうか。図6.4を見ると特に目立つものはないがあえて探すなら「飲み歩き」、つまりアルコールが含まれているか、いないかの次元であるかもしれない。これに一番近い被験者は丸で囲まれた者達である。以上をまとめると、やはりクリスマスのパーティは開催しようということであるが、それには安価なパーティ、高価なパーティ、日中のパーティ、夜のパーティと皆の好みが違うので、それをどうするか相談が必要であろう。

6-4 クリスマスパーティの案の選択

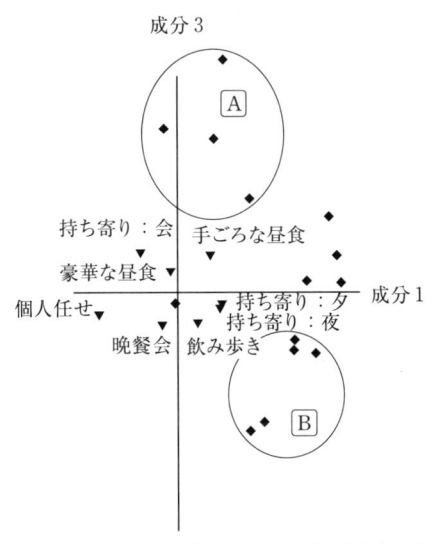

図 6.3 成分1と成分3のグラフで被験者(◆印)の標準座標にパーティ案(▼印)を射影している

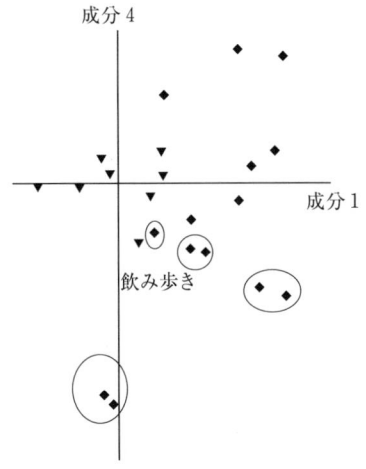

図 6.4 成分1と成分4のグラフで被験者(◆印)の標準座標にパーティ案(▼印)を射影している

6-5 特殊な問題

5章に順位データと一対比較データは数学的に同じ方法で解析できることを述べた.確かにインプットの大きさは違うが,それをドミナンス表に変換するとともに $N\times n$ となり,各要素の反応数は $(n-1)$ でこれも同じである.順位データの総情報量は

$$I_{\text{total}} = \sum_{k=1} \rho_k{}^2 = \frac{(n+1)}{3(n-1)}$$

で,この式は西里(Nishisato, 1993)によるが一対比較データの場合,固有値の和が必ずしもこの式で計算された値と一致するものではないという例が本書の執筆中に発見された.前章の式を用いると都市の魅力調査とクリスマスパーティ案の一対比較データはともに刺激数が8であるので全情報量は $9/21=0.429$ であるが,表6.8と表6.12の固有値の和はそれぞれ 0.373, 0.418 となっている.したがって一対比較データの総情報量の式は,この先考え直さなくてはならない.

計算上の問題として一対比較データの列を特定の順に並べなくてはならないことがある.たとえば刺激が a, b, c, d と4個ある場合,列は (a, b), (a, c), (a, d), (b, c), (b, d), (c, d) の順である.もし,たとえばスープを味わう実験で,どちらを先に味わうかによって味の良さの判断が影響を受けると考えれば,(a, b), (b, a) は別の対として取り扱わなくてはならず,したがってデータもその分集めなくてはならない.この場合,対の数が $n(n-1)/2$ から $n(n-1)$ に変わり,情報量,成分数も増すので,解析も変更しなくてはならない.

演習問題 6.

6-1 刺激が a, b, c, d の4個あり,上のスープの実験のようにどちらの刺激を先に出すかによって,嗜好が影響をされるものとしよう.この場合データ収集に用いられる対は (a, b), (a, c), (a, d), (b, c), (b, d), (c, d), (b, a), (c, a), (d, a), (c, b), (d, b), (d, c) の12個となる.これらの対に対する3人からの一対比較データを人工的につくり,解析法を順次説明せよ.

7章

強制分類法

7-0 はじめに

これまでの数量化は与えられたデータをできる限り効率よく解析しようということで我々の対象はデータ全体であった。しかしデータ解析ではデータの限られた部分に関心のあることがある。たとえば教育現場のデータ解析で，経済的にコントロールできる教育環境(例：インターネットの利用可能性，図書館の蔵書数)で成績の向上に関係あるものは何かというような質問である。そのような解析にはこれまでの方法では効率が悪い。そのようなデータの側面に関する結論は，これまでの全体的解析では間接的にしか得られない。たとえば血圧，偏頭痛，年齢などに関する多肢選択データで，かりに血圧と体重の関係が第5成分で捉えられたとしよう。多くの場合最初の2成分か3成分でデータの解釈が行われるので，第5成分で捉えられる関係など無視されてしまうかもしれない。たとえ無視されないとしても，その成分が捉えられるまでにデータの多くの情報はほかの成分の記述に取られてしまう。言葉を変えていうと，第5成分で得られる血圧と体重のカテゴリーの重みは両者の相関を最大にしようとして得られたものではない。本章の強制分類法は，この例の場合のように利用者が血圧と体重の最大の相関値を得たいならその相関が最大になるように両変数のカテゴリーの重みを決める方法で，利用者の考えを取り入れた解析法，データ全体ではなくデータの一部，あるいは特定の変数に焦点を絞った最適の数量化の方法である。

7-1 インシデンスデータの強制分類法

そのような目的のために開発された方法が強制分類法(forced classification, Nishisato, 1984 a)である．これはいわばカテゴリーデータの判別解析法でカテゴリーデータの特徴を巧みに利用している．その底流にあるのは二つの原理である．第1は等価分割の原理(principle of equivalent partitioning)とよばれ，比例関係にある行(列)の最適の重みは等しいというもので次の数値例(表7.1)のように行，列を比例的に分割してもデータの構造(行，列の重み，特異値)は変わらない，というものである．等価分割の三つの例をよく吟味して理解してほしい．まずデータの行の最適の重みはそれぞれ1.78，−0.47，−0.67，列の最適の重みは1.67，−0.67，−0.51で，固有値が0.1859となっている．これは第1成分である．等価分割の例1はデータの行2の度数(15, 30, 45)を1対2の割合で比例分割をして(5, 10, 15)，(10, 20, 30)をつくり，この2行をデータの行2の立替として入れ，4×3の表にしたものである．新しいデータ表の行の最適の重みは1.78，−0.47，−0.47，−0.67で分割された行の重みはともに−0.47で変わっていない．列の重みはもとのデータのものと同じである．さらに固有値も変わっていない．同様に第2の例はデータの行3をさらに1対1に分割してあるが，この場合もデータの行3の最適の重み−0.67が2回

表 7.1 等価分割の数値例

				成分1の重み				
データ	30	10	10	1.78				
	15	30	45	−0.47				
	10	40	20	−0.67				
成分1の重み	1.67	−0.67	−0.51	$\rho^2=0.1859$				
等価分割(1)					等価分割(2)			
	30	10	10	1.78	15	5	5	1.78
	5	10	15	−0.47	15	5	5	1.78
	10	20	30	−0.47	15	30	45	−0.47
	10	40	20	−0.67	5	20	10	−0.67
	1.67	−0.67	−0.51	$\rho^2=0.1859$	5	20	10	−0.67
					1.67	−0.67	−0.51	$\rho^2=0.1859$
等価分割(3)								
	30	5	5	10	1.78			
	15	15	15	45	−0.47			
	5	10	10	10	−0.67			
	5	10	10	10	−0.67			
	1.67	−0.67	−0.67	−0.51	$\rho^2=0.1859$			

7-1 インシデンスデータの強制分類法

繰り返され固有値も変化していない。例3はさらにデータの列2を1対1に分割したもので、この場合も同じ最適な重みが2回現れ、固有値も同じ値を保っている。これらの例題が意味することは、行あるいは列、あるいは行と列を比例分割しても最適な重みと固有値は変わらない。換言すれば比率関係にある行(列)が100あるとした場合、そのデータをそのまま解析しても、100の行を一つにまとめて(加えて)解析しても、同じ最適の重みが得られるということである。

第2は内的整合性の原理(principle of internal consistency)といわれるもので、同じ反応型が多くなればなるほど、その反応型が成分の決定要因になる可能性が増すというもので、ガットマンが数量化に使った考えである。

これらを多肢選択データに同時に使ってみよう。多肢選択データの数量化ではデータをまず1, 0の反応型に変換し、選択肢の重みを被験者の得点の分散が最大になるように決定するが、強制分類法はある項目(基準項目とよぶ)の反応型に大きな数kをかける。これは等価分割の原理により、その項目の反応パターンをk回繰り返すと同じ結果をもたらす。この操作は基準項目の反応パターンの1をkに置き換えればよい。数量化ではkの値を増すとやがて基準項目と第1成分との相関係数が1となることが知られている。そのような解が得られたとき、それを強制分類法の解という。

これはどういうことであろうか。3章で用いた血圧、偏頭痛のデータを用いてこれまでの数量化と強制分類法を比べてみよう。6個の多肢選択質問(表1.1, p.10)と反応パターンのデータ(表3.1, p.51)を見てみよう。いま基準変数として、血圧(低い、正常、高い)を指定しよう。この項目の部分のデータにkをかける(反応パターンの1をkに置き換える)と表7.2が得られる。kの値をたとえば5とするとその数量化は等価分割の原理により血圧の部分の反応パターンを5回繰り返したデータの数量化と同じ結果をもたらす。一般的に繰り返しの行われる基準項目をcとし、その項目の反応パターンの1をkに代えた場合の基準項目と総得点の相関を3章のように$r_{ct}(k)$で示すとkの値を増やすとともに基準項目の反応パターンが各被験者の得点を決定する影響が増し、この相関の値は徐々に最大値1に近づく。一般に

$$\lim_{k \to \infty} r_{ct}(k) = 1$$

この極値が得られたとき、その解析を強制分類法とよぶ。この場合基準項目の選択肢の数が3であるので、この極値は最初の2成分に関して見られる。言い

表 7.2 血圧を基準変数とした場合のデータ

被験者	123	123	123	123	123	123
1	k00	001	001	001	100	100
2	k00	001	100	001	010	001
3	00k	001	001	001	100	001
4	00k	001	001	001	100	100
5	0k0	100	010	010	001	010
6	0k0	100	010	001	001	100
7	0k0	010	010	100	100	001
8	k00	001	100	001	100	001
9	0k0	010	010	100	100	010
10	k00	001	010	010	100	001
11	0k0	100	100	001	010	010
12	0k0	010	001	001	010	010
13	00k	001	001	001	001	100
14	k00	001	100	010	100	010
15	00k	001	001	001	100	010

換えると基準項目の選択肢の数から1を引いた数の成分が強制分類法の解である。これに関連したこととして多肢選択項目の数量化の一般に通ずるものとして，項目 j の総情報量 $I_{\text{total}(j)}$ が次式で与えられることをまず記しておこう。

$$I_{\text{total}(j)} = \sum_{p=1}^{m-n} r_{jt(p)}^2 = m_j - 1$$

項目と総得点の相関の2乗をすべての成分に関して加えるとその総和は選択肢数から1を引いた値である。これを強制分類法との関係で説明しよう。通常の数量化では項目および総項目の情報量がすべての成分に広く分散している。これに対して強制分類法では基準項目の全情報量は最初の m_j-1 (カテゴリー数から1を引いた数)の成分に吸収される，つまり基準項目に関連した情報は上の数字の成分だけで完全に説明される。基準項目の選択肢の数が3であれば，その項目に関する全情報が最初の2個の成分で完全に記述される。換言すると基準項目として選ばれた項目の反応パターンに大きな値 k をかけることにより，強制分類法では項目の情報が当初 $(m-n)$ 個の成分に分散していたものを (m_j-1) 個の成分に収めてしまうということである。これが強制分類法である。

大きな値 k をかけるということに関しては，究極的には基準項目の影響が

7-1 インシデンスデータの強制分類法

表 7.3 強制分類法による 2 成分の項目と総点の相関の 2 乗値

項目	成分1	成分2	….	全成分の総和
1	1.00	1.00	…	2.00
2	1.00	0.00	…	2.00
3	0.34	0.45	…	2.00
4	0.23	0.15	…	2.00
5	0.20	0.08	…	2.00
6	0.33	0.10	…	2.00

データ全体に広まるということで，基準項目と総得点との相関が 1 に限りなく近づくとともに固有値(相関比)も同じ極値に近づくことを意味する。つまり
$$\lim_{k \to \infty} \eta^2(k) = 1$$
この関係が (m_j-1) 個の成分で成り立つ。

ここまでは大きな値 k をかけるということがもたらす数量化への数値的影響である。しかし実際問題としては，数量化の方向づけをかえても基準変数を説明する (m_j-1) 個の成分の貢献度は一様であるとは考えられない。それらの成分の相対的重要性はどのようにして計算するかという問題がもち上がる。これについては後に西里と馬場の研究(Nishisato & Baba, 1999)を見ることにしよう。

我々の数値例(表 7.2)で k の値を大きくした場合の数量化——つまり強制分類法——の結果として最初の 2 成分の項目と総点の相関の 2 乗値 r_{jt}^2 を見てみよう(表 7.3)。項目 1 は基準項目に選ばれた血圧である。予想通り，最初の 2 成分に全情報量が反映されており，ともに相関の 2 乗値が 1 となっている。この 2 成分の最適の重みを検討しよう。強制分類法というのは，幾何学的に見るとデータを基準変数の選択肢の空間に射影したものの数量化であるという意味がある(Nishisato, 1984a)。この意味合いをグラフ(図 7.1)により理解しよう。血圧を基準とした強制分類法の被験者の重み，選択肢の重みは表 7.4 の通りである。グラフで明らかなように血圧の 3 カテゴリーが大きな三角形を構成しているが，これが多次元空間における血圧が成す部分空間といわれるものである。この空間に他の項目のカテゴリーと被験者の位置が射影されている。

この方法は多肢選択データが反応パターンで示されたとき，ある項目(基準

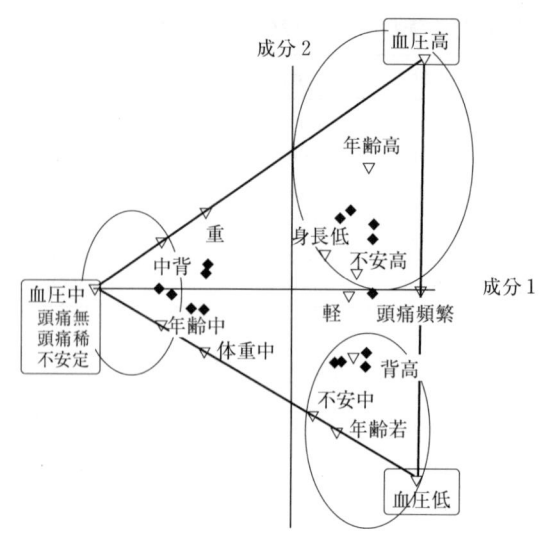

図 7.1 血圧を基準項目とした場合の強制分類の結果

項目)に大きな値をかけてやればよいということで,多肢選択データの数量化のプログラムがあれば,それを強制分類法に使うためにはわずかの変更で使えるということで,非常に簡単である.しかしこの手続きを理解することは難しいかもしれない.どう理解したらよいのか？

実は反応パターンデータを特定の方法で分割表に変え,それを数量化にかけると多肢選択データの強制分類法と同じ結果が得られる.これを吟味すると強制分類法の側面が理解できるので,例題の数値例を用いて分割表に変換した数量化の結果を見よう.血圧を基準にした場合の反応パターン表は 15×18 であったが,これを(血圧の3水準)×(残り5項目の選択肢),つまり 3×15 の分割表(表 7.5)に変え数量化にかけるのである.この場合は2個の成分が摘出されるが,その結果を検討しよう(表 7.6,表 7.7,図 7.2)).

これらの成分が先の強制分類法の場合の結果にほぼ一致する.この例題に関する両者の根本的な違いは,強制分類法の場合には血圧の情報が最初の2成分で完全に説明され,その後の成分は血圧に関する情報をまったく含まない成分,つまりデータから血圧の情報を除いた部分の解析ということになる.これに対した基準変数の選択肢と他の項目の選択肢の分割表からは,血圧の情報を完全に説明する2成分だけを抽出するにとどまり,被験者の位置もわからな

7-1 インシデンスデータの強制分類法

表 7.4 血圧を基準変数とした強制分類法で得られた被験者と選択肢の重み

被験者の重み			選択肢の重み			
被験者	成分1	成分2	項目	選択肢	成分1	成分2
1	0.52	-0.02	1	1	0.81	-1.17
2	0.29	-0.52	1	2	-1.23	0.01
3	0.52	0.40	1	3	0.83	1.44
4	0.52	0.51	2	1	-1.23	0.01
5	-1.01	-0.03	2	2	-1.23	0.01
6	-0.74	0.13	2	3	0.82	-0.01
7	-0.85	-0.12	3	1	0.30	-0.87
8	0.48	-0.45	3	2	-0.82	-0.22
9	-1.10	0.02	3	3	0.49	0.77
10	0.24	-0.52	4	1	-1.23	0.01
11	-0.77	-0.14	4	2	0.13	-0.77
12	-0.73	0.19	4	3	0.21	0.23
13	0.34	0.61	5	1	0.36	-0.04
14	0.46	-0.55	5	2	-0.55	-0.38
15	0.28	0.54	5	3	-0.54	0.49
			6	1	0.41	0.11
			6	2	-0.82	0.30
			6	3	0.40	-0.41

表 7.5 基準項目の選択肢と他の項目の選択肢との分割表

	頭痛			年齢			不安			体重			身長		
血圧1	0	0	5	3	1	1	0	2	3	4	1	0	1	1	3
血圧2	3	3	0	1	4	1	2	1	3	2	2	2	1	4	1
血圧3	3	0	0	4	0	0	0	0	4	3	0	1	2	1	1

表 7.6 数量化の統計量

成分	1	2
固有値	0.395	0.156
特異値	0.629	0.396
デルタ	71.63	28.37
累積デルタ	71.63	100.00

表 7.7　正規化された重みと射影された重み

		行の重み			
		正規化		射影	
		成分 1	成分 2	成分 1	成分 2
血圧	1	−0.715	1.220	−0.449	0.483
	2	1.220	−0.105	0.767	−0.042
	3	−0.937	−1.368	−0.589	−0.541

		列の重み			
		正規化		射影	
		成分 1	成分 2	成分 1	成分 2
頭痛	1	1.942	−0.265	1.220	−0.105
	2	1.942	−0.265	1.220	−0.105
	3	−1.294	0.177	−0.814	0.070
年齢	1	−0.368	2.248	−0.231	0.889
	2	1.326	0.405	0.833	0.160
	3	−0.860	−1.836	−0.540	−0.726
不安	1	1.942	−0.265	1.220	−0.105
	2	−0.111	1.969	−0.070	0.779
	3	−0.355	−0.538	−0.223	−0.213
体重	1	−0.571	0.159	−0.359	0.063
	2	0.915	0.852	0.575	0.337
	3	0.797	−1.330	0.501	−0.526
身長	1	−0.544	−1.025	−0.342	−0.405
	2	0.856	−0.239	0.538	−0.095
	3	−0.592	1.107	−0.372	0.438

い．6項目のカテゴリーの関係は，図7.1と図7.2ではグラフの向きが異なるが，図7.2を回転すれば図7.1のカテゴリーの位置が得られる．つまりカテゴリーに関する限り両者は同じである．もしこの2成分だけに関心があるのであれば分割表の解析でよいが，時には基準変数の影響を除去した部分のデータ解析が重要な場合もある．たとえば市場調査で年齢群に偏りが大きな場合(たとえば中年の被験者が特に少ない)など強制分類法により年齢に関する情報を取りつくしてから，そのあとの年齢には関係のない成分を見る，というような事態が考えられる．もう一つ重要な違いは，強制分類法はkの値を限りなく大きくした場合の数量化ということで，現実にはたとえば$k=200$を用いたりするので，結果は漸近的なものであること，それに比べて基準変数の選択肢×そ

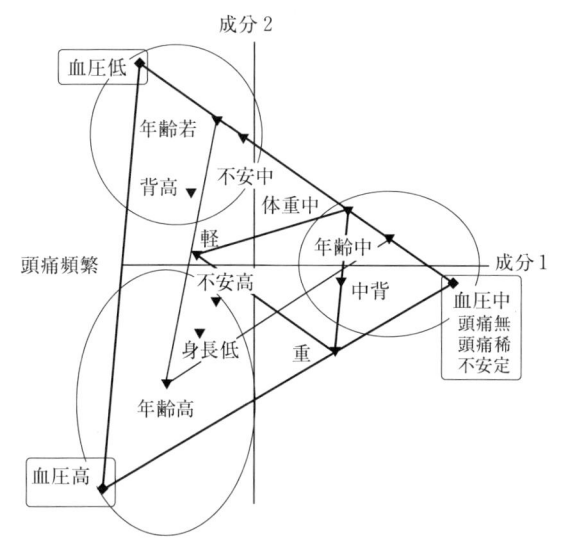

7-1 インシデンスデータの強制分類法

図 7.2　分割法の数量化

の他の項目の選択肢の分割表の場合は漸近的な結果ではなく正確な値が出てくる。したがって基準項目の影響を除いた部分の解析に興味がない場合は，分割表を用いた方が実用的かもしれない。

　基準変数の選択肢×その他の項目の選択肢の分割表が強制分類法と同じ結果をもたらすということは強制分類法にとって方法論上重要な情報をもたらしてくれる。強制分類法では(m_j-1)個の成分の固有値がすべて1に近づくということで，それらの成分間の相対的重要性が割り出せなかった。それに対応する分割表では(m_j-1)個の成分の固有値が通常の数量化と同じように算出されるので成分間の相対的重要性がわかる。これに関して西里と馬場(1999)は強制分類法の成分の相対的重要性を示す補正された固有値の式を提案している。すなわち

$$\eta_k^2 = \frac{\sum_{j=1}^{n} r_{jt(k)}^2 - 1}{n-1}$$

この式による修正された固有値は基準変数の選択肢×その他の項目の選択肢の分割表から得られた固有値に一致する。一般の多肢選択データの数量化による固有値は次式で示されることを思い起こしてほしい。

$$\eta^2 = \frac{\sum_{j=1}^{n} r_{jt}^2}{n}$$

さてこの例題のように強制分類法で基準変数に関する情報だけに関心がある場合，上に検討した分割表の解析でもよいが，実はこれと同じ結果をもたらす第三の解析法も紹介されている(Nishisato, 1984 a)。それは反応パターンのデータを血圧の三選択肢により張られる空間に射影し，その射影された表を数量化にかけるもので，ここでは取り上げないが，興味のある読者は西里と馬場(1999)の数値例を見てほしい。

さて強制分類法における k の値は基準変数(血圧)と第1主軸解，基準変数(血圧)と第2主軸解の相関が共に1になるような大きな値で，このような結果をもたらす k の値はデータに依存するため正確な値を事前に知ることはできない。ここで強制分類法の結果をもう一度まとめておこう。

(1) 被験者の得点は，完全に3群に分かれる。すなわち血圧が低い人たち，正常な人たち，高い人たちである(図7.1, 図7.2)。

(2) 強制分類法はそのように被験者を基準変数(血圧)の3群に分けるように他の項目の選択肢を決める方法である。換言すれば強制分類法の結果からどの項目を調べればどの被験者が3群のどのグループに属するかがわかる，あるいはその分類に役立つ項目はどれかが見つかることとなる。実際には，血圧に関する項目以外の項目だけで，どれだけ正確に被験者を血圧が低い人，正常の人，高い人の判別ができるかが計算されるので，これはまさにカテゴリーデータの判別解析である。逆にいうと血圧と高い相関を持つ他の項目を見つけるための最適の方法である。血圧との相関なら，強制分類法でなくても得られるという人がいるかも知れない。しかし強制分類法の特徴は，基準変数としての血圧と他の項目の相関が最大になるような数量化をしているのに対し一般の多肢選択データの数量化では変数間の相関の平均値が最大になるように数量化しているので血圧だけとの相関を最大にする結果とは一般に異なる。

(3) 基準変数の選択肢の数が p 個ある場合(血圧の例の場合は3個)， $p-1$ 個の解で基準変数と解の相関が1となる。そしてこの $p-1$ 個の解で基準変数に関係する情報は完全に説明し尽くされる。

(4) 解析をさらに続けると， p 番目の解からは，基準変数の影響が全く入らない，つまり基準変数とは独立な部分に関した解がでてくる。つまり強制分類法は基準変数の影響を取り除いた場合のデータ解析も可能にしてくれる。基

礎変数の影響を除く解析は柳井と前田(Yanai & Maeda, 2002)も提案している。

7-2 宗教教育に関する意見

ずいぶん昔のことであるがシンガポールで数量化のワークショップを開いたとき，参加者が実習としてデータ解析をしたときの一例である。23人の参加者に表7.8の4問の質問をしてデータ(表7.9)を集めた。いまこのデータ全体の解析ではなく，宗教教育にだけ関心があったとしよう。これには第4問を基準項目として強制分類解析をすればよい。統計量は表7.10の通りで，まず成分1，成分2と各質問の相関の2乗値を見ると基準項目4の値が予想通り両成分で1を示し，ほかの項目は相対的な値を示し，それぞれの成分への貢献度がうかがわれる。基準項目の相対的寄与度は先に示した西里と馬場の式により計算され，成分1の貢献度が63%，成分2が37%となっている。強制分類の2個の成分のグラフは図7.3に示すとおりである。このグラフで明らかなように年齢が基準変数の宗教教育に大きな影響を持っていることで，年齢の選択肢を結んでできた三角形が大きい。主な結果は宗教教育賛成組は40歳以上で今の子どもは幸せだがしつけが悪いという見解，宗教教育反対は30-39歳組で今の子どもは幸せでないと言っている。宗教教育に無関心なのは一番若いグループで今の子どもは作法がよいが幸せなのかどうかはわからないと言っている。これはワークショップに参加した23人の意見であるが理解できるような気がする。

表 7.8　4個の多肢選択質問

問1：次のどの年齢群ですか？
　　　(1) 20-29　(2) 30-39　(3) 40歳，またはそれ以上
問2：今日の子どものしつけは？
　　　(1) 悪い　(2) 良い　(3) どちらともいえない
問3：今日の子どもは幸せであるか？
　　　(1) 幸せでない　(2) 幸せ　(3) どちらともいえない
問4：学校で宗教を教えるべきか？
　　　(1) 教えるべき　(2) 反対　(3) どちらでも良い

表 7.9 23人から得られたデータ

試験者	問1	問2	問3	問4
1	3	1	2	1
2	2	1	3	2
3	2	1	2	2
4	1	2	2	3
5	3	1	2	2
6	1	3	1	2
7	2	1	2	2
8	2	1	2	2
9	1	2	3	1
10	3	1	2	1
11	1	2	2	3
12	2	1	1	1
13	2	1	3	3
14	3	1	2	1
15	1	1	2	3
16	3	1	2	1
17	3	1	1	1
18	2	3	2	2
19	3	1	2	1
20	2	1	2	2
21	1	3	3	3
22	2	1	2	2
23	1	3	3	3

表 7.10 基準変数が項目4の場合の強制分類の統計量

項目	1	2	3	4
成分1との相関の2乗	0.508	0.229	0.190	1.000
成分2との相関の2乗	0.420	0.080	0.034	1.000
補正された成分1の固有値		0.309(63%)		
補正された成分2の固有値		0.178(37%)		

7-3 ドミナンスデータの強制分類法

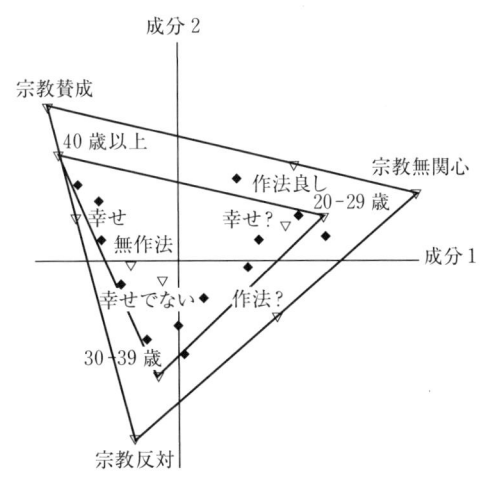

図 7.3 宗教教育を基準項目とした強制分類の結果

7-3 ドミナンスデータの強制分類法

　インシデンスデータと違いドミナンスデータは刺激が高いか低いか，より好まれるか好まれないか，優れているか優れていないかというように常に2個の変数の比較からなる。これを強制分類の観点からみると，強制分類のための基準変数もドミナンスデータの場合，1個の変数ではなく変数の対を指定しなくてはならない。これはインシデンスデータとは大きな違いである。したがって2変数の差を最大にするドミナンスデータの強制分類では常に成分の数が1となり事態が簡単である。極端にいえば解析結果は単純で面白みがないといえるかもしれない。

　この独自な事態について西里(Nishisato, 1984 a)によれば，基準変数の対に大きな値 k をかけて数量化をすると，被験者の重みはやがて二つの値に収束する。1と−1である。たとえば基準刺激の対として X_p と X_q を指定した場合，$X_p > X_q$ と反応した被験者の重みはすべて1となり，$X_p < X_q$ と反応した被験者の重みはすべて−1になるということである。同様に順位データの場合も，2個の刺激を基準変数とした場合，それらの順位を $X_p > X_q$ とした被験者の重みはすべて1(順位の差には関係ない)，$X_p < X_q$ とした被験者の重みは

すべて−1になる。したがってドミナンスデータの強制分類法は複雑な数量化の手続きを経ず，ドミナンス表が計算されたら被験者の反応により被験者に1か−1の重みを与えて各刺激の平均値を求めれば刺激の最適の重み(尺度値)が得られる。

7-4　クリスマスのパーティ案の時間による好み

前章でクリスマスパーティの8案のデータを解析したが，日中のパーティと夜のパーティの違いが成分3で見られた。同じ例を使って日中のパーティの一案と夜のパーティの一案を基準対として強制分類をしてみよう。日中のパーティ案として「豪華な昼食会」(案8)，夜のパーティとして「豪華な晩餐会」(案6)を基準対として選ぼう。データ行列(表6.10)の対(6, 8)で1の被験者(豪華な晩餐会を選んだ被験者)には1，2の被験者(豪華な昼食会を選んだ被験者)には−1の重みを与え，この重みを用いて計算したパーティ案の平均値も記したドミナンス表が表7.11である。平均値が強制分類法の得点である。予想通り夜の活動の晩餐会(案8)，夕刻の持ち寄り(7)，バーの飲み歩き(3)などはプラスの得点を，日中の手ごろなレストランでの昼食会(4)，豪華な昼食会

表 7.11　クリスマスパーティ案のドミナンス表と強制分類の重み

被験者	\	\	\	案	\	\	\	\	重み
	1	2	3	4	5	6	7	8	
1	3	−7	1	5	−1	−3	5	−3	1
2	−3	1	1	5	−7	1	−5	7	−1
3	5	3	1	−1	−7	−3	7	−5	1
4	1	5	−5	3	−7	−3	−1	7	−1
5	−3	−3	1	7	−7	3	−3	5	−1
6	7	−5	−3	5	−7	−1	3	1	−1
7	5	1	−1	3	−7	−5	7	−3	−1
8	5	−1	−3	1	−5	3	7	−7	1
9	1	−3	5	3	−7	−5	7	−1	−1
10	−1	−5	7	−3	−7	5	1	3	1
11	5	−7	7	3	−5	−3	−1	1	−1
12	−5	5	3	7	1	−7	−1	−3	−1
13	1	−7	7	−1	−5	5	−3	3	1
14	−3	5	7	−1	1	−5	3	−7	1
平均値	0.1	−0.4	0.9	−2.6	1.6	1.6	0.6	−2.1	

(8)，日中会議室でのパーテイ(2)などはマイナスの得点を取り，時間による選択が現れている。個人任せが夜に入っているのは日中は皆研究所に勤めている人であると考えれば納得できよう。

7-5　強制分類法の展開

　インシデンスデータの場合は1変数を基準に選んだということで，かなり限られたデータの一部に焦点をあわせた。このような限られた範囲の強制分類法でも面白い応用が考えられる。たとえば教育関係のデータでコンピューターの数が生徒1人に対して1台の場合を1，生徒2人に対して1台を2，生徒3人に対して1台を3，それ以上に対して1台を4とする変数を入れ，それを基準にして強制分類法を行うと，この変数（コンピューター）と相関の高い変数（たとえば数学の成績，欠席の状況変数）を見つけることができる。マイエンガ(Mayenga, 1997)はケニヤの小学生，高校生，大学生に動物の分類作業をさせ，そのデータにリンネの分類法に従った分類をする人工の被験者を加え，その被験者を基準として分類データの強制分類を行った。その結果，大学生の動物の分類はリンネの分類に一番近いことを示している。教育関係のデータで児童の登校，不登校を基準項目として選んで，この変数と相関の高い変数を探したことがあるが，その場合にも強制分類法はきわめて有用であった。

　しかし，場合によっては基準として数個の変数を指定したいというような事態も出てくるであろう。あるいはデータ表の列の変数ではなく行変数を基準としたい場合も出てこよう。さらに行と列の一部を基準として解釈をしたいこともあろう。つまり解析の焦点の選び方には様々なものが考えられる。そのような事態に対処すべく西里(Nishisato, 1986 a)は汎強制分類法(generalized forced classification)を提唱した。それを用いてデイ(Day, 1989)は2300人を越える英語を話すカナダの学生，2300人を越えるフランス語を話すカナダの学生に性格テスト(The Myers-Briggs Type Indicator, Myers, 1962)を施行，そのデータに4個の基礎的性格次元に基づく理想的な被験者4人の理想的反応データを追加，これら4人の理想的被験者を基準として汎強制分類を行い4600余の学生をきれいに16の性格タイプに分類している(16というのは，たとえば内向性-外向性というような2分類の4基礎タイプからでてくる$2\times 2\times 2\times 2=16$)。このような研究の場合，多肢選択データの数量化のプログラムがあれば，それに理想的な被験者の反応をデータ表に加え，それらの基準被験者

の反応をk回繰り返せばよい。たとえば150人の被験者の10の質問に対する反応が理論的に3つのタイプに分類されるものとした場合，第一のタイプの被験者の理想的(理論的)な反応を作って，そのタイプ1の被験者をデータ表に加える。同様に第二のタイプの理論的反応，第三のタイプの理論的反応をデータ表に加える。強制分類法の場合，これらの基準被験者群の反応をk倍する。この例題では10倍くらいで目的にかなった結果が得られると考えられるので反応パターンの1を10にすればよいが，実際にはそれぞれの基準の被験者の反応を10回データ表に再現した方が計算上同じプログラムが使えるので便利かもしれない。この場合150人のデータ表に基準1の被験者の反応を10回(同じ被験者の反応を10回繰り返し全く同じ反応を持つ被験者を10人にする)，第二の基準の被験者の反応を10回，というように最終的には3人の基準被験者を持つデータ表は150プラス30，180人からなるデータと考えて数量化すればよい。この新しいデータ表には3個の理論的反応パターンが10回ずつ繰り返されているので，数量化ではこれら3つの反応パターンをまず抽出するはずである。そこでたとえば最初の2成分を使って被験者をプロットすると理想的な3人の反応が大きな貢献をする次元になっていることがわかるはずである。つまりこれら3人の座標をつなぐと大きな三角形ができ，その中に他の被験者の座標が見られる。また，この2成分の項目の選択肢の重みで表される項目表を作り，被験者×被験者の相関行列を作ると，被験者が3群に分類されることがわかる。これにより被験者がどのような理想タイプに分類されるか，そしてそこで用いた項目が被験者の分類にどれほど適しているかもうかがうことができよう。紙面の関係でここでは汎強制分類法の詳細に関しては触れないが興味のある読者は原著(Nishisato, 1986 a)および西里(Nishisato, 2007 a, p 173-174)を参照してほしい。

演習問題 7.

7-1 インシデンスデータの強制分類法ではデータを分割表に変えて数量化し，同じ結果を得られることを見た。ドミナンスデータの場合，同じような解析は可能であろうか。

7-2 インシデンスデータの場合，重みkの影響を小さな数値例を用いて検討せよ。

8章

全情報解析

8-0　はじめに

　これまで見てきた数量化の方法は現時点においてほぼ確立されたものであると考えられている。しかし方法論としてはあと一歩の進展が望まれる。ここではすでに始まった新しい試みを紹介して、この先の進展の方向の一つを紹介したい。

　2元表が与えられたとき誰しもが興味を持つことは行と列の関係である。これまで見てきた解析では常に行変数と列変数を解析して解釈してきたので、行と列の関係に焦点を合わせた解析であるという印象を与える。しかし現段階の行変数と列変数の同時解析には深刻な問題がある。この観点から数量化の最適な多次元解析法を再検討し、将来の指針としたい。次の発展の一歩を吟味しよう。

8-1　双対の関係

　これまで検討した数量化の方法で算出される行と列の最適の重みは双対の関係を示すことを見た。それをもう一度ここに述べると、たとえばインシデンスデータの場合、2元表のデータの i 行、j 列の度数を f_{ij}、それぞれの周辺度数を $f_{i\cdot}$, $f_{\cdot j}$、成分 k の特異値を ρ_k で示すと、数量化の解(最適の行の重み y、最適の列の重み x、特異値 ρ)は次に示すような双対の関係を満たすことを見てきた。

$$y_{ik} = \frac{1}{\rho_k} \frac{\sum_{j=1}^{m} f_{ij} x_{jk}}{f_{i\cdot}} \quad \text{そして} \quad x_{jk} = \frac{1}{\rho_k} \frac{\sum_{i=1}^{n} f_{ij} y_{ik}}{f_{\cdot j}} \quad \text{ただし} \quad 0 \leq \rho_k \leq 1$$

さらに次のように書き換えると行空間，列空間の理解に役立つ．

$$\rho_k y_{ik} = \frac{\sum_{j=1}^{m} f_{ij} x_{jk}}{f_{i.}} \quad \text{そして} \quad \rho_k x_{jk} = \frac{\sum_{i=1}^{n} f_{ij} y_{ik}}{f_{.j}} \quad \text{ただし} \quad 0 \leq \rho_k \leq 1$$

列の最適の重みづけによる平均値は行の最適の重みではなく，それに特異値をかけたもの（射影値），同様に行の最適の重みによる平均値は列の最適の重みではなく，それに特異値をかけたもの（射影値）であるということである．もし特異値をかけないで双対関係が成り立つものなら（極端な例は特異値が1の場合）被験者のグラフ上の位置はその被験者が選んだ数々の選択肢の位置の中心（重心）にあり，選択肢の位置はその選択肢を選んだ被験者たちの位置の中心（重心）にあるという解釈のしやすい関係が成り立ち，グラフの解釈も容易になる．しかし実際には最適な重みは平均値に特異値をかけた射影値であるというところに行空間と列空間の隔たりの問題が生じる．

8-2 行空間と列空間の隔たり

双対の関係は行の数量化と列の数量化の関係を明らかにしてくれる以外に重要な情報を提供している．すなわち

「数量化された行の重みと列の重みは通常同一空間にはない．特異値が1の場合のみ，両者は同一空間に存在するが，特異値が1より小さい場合には行空間と列空間は合致しないので，あえて行変量と列変量を同じ空間（グラフ）に表現しようというのであれば，行の変量を列の空間に射影するか列の変量を行の空間に射影しなくてはならない．そのときの射影子の役割を果たすものが特異値である」．

これは理解できそうな文章であるが，実際にはあまり理解されていないので簡単な数値例を用いて説明しよう．2次元グラフが便利であるので，それが使える表8.1のような人工データを考えよう．これは「アフガニスタンへの軍隊の派遣をどう思うか（賛成，反対，？）」，「国際的自由貿易をどう思うか（賛成，反対，？）」の2問に対する反応であると考えよう．このデータからは2個の成分が抽出され，統計量は表8.2のとおりである．列の変量を行の空間に示したもの，つまり行の正規化された重み y_{ik} と列の射影された重み $\rho_k x_{jk}$ のグラフが図8.1，行の変量 x_{jk} を列の空間に射影したもの $\rho_k y_{ik}$ のグラフが図8.2，そして理論的には不正確であるにもかかわらず常套手段として用いられている

8-2 行空間と列空間の隔たり

表 8.1 二つの多肢選択項目に対するデータ

		自由貿易		
		賛成	反対	?
	賛成	3	5	2
軍隊派遣	反対	5	5	0
	?	2	0	8

表 8.2 おもな統計量

成分	1	2
固有値	0.5415	0.0185
特異値	0.7359	0.1359
デルタ	96.70%	3.30%
ずれの角度	42.6 度	82.2 度

対称尺度化(symmetric scaling)による $\rho_k y_{ik}$ と $\rho_k x_{jk}$ のグラフが図8.3である。

幾何学的にいえば図8.1と図8.2は正しい。その理由をまず説明しよう。図8.1をみると正規化された重みで軍隊派遣の2次元空間が三角形として表現されている。この空間に自由貿易の反応カテゴリーを射影するということは、自

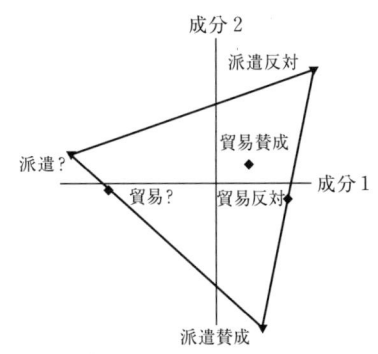

図 8.1 自由貿易を軍隊派遣の空間に射影

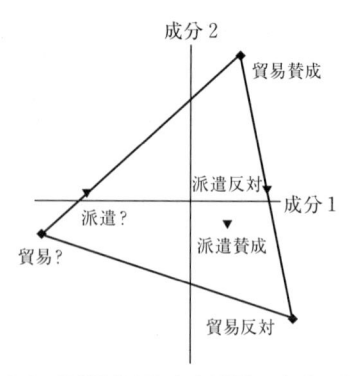

図 8.2 軍隊派遣を自由貿易の空間に射影

由貿易の各カテゴリーの座標を対応する軍隊派遣のカテゴリーの位置とそのカテゴリーの頻度から計算された平均値であると定義することである。例として図 8.1 の「貿易反対」を取り上げよう。これはデータを見ると派遣賛成に 5，派遣反対に 5，派遣？に 0 となっているので派遣？には無関係であるので派遣賛成 (5) と派遣反対 (5) を結ぶ線上の中点に位置している。次に「貿易？」の位置を見よう。データを見ると，これに対応するものは派遣賛成 2，派遣反対 0，派遣？ 8 となっているので，派遣反対には無関係で，派遣賛成と派遣？を結ぶ線上に位置する。その正確な位置は「派遣賛成と貿易？の距離」×2 と「派遣？と貿易？の距離」×8 が等しくなる点である。つまりカテゴリーの度数が大きければ，その点への牽引力が大きく（距離が近く），度数が少なければその点への距離が離れる。「貿易賛成」の座標は三角形をつくる線上ではなく，三角形の内部にある。貿易賛成に対するデータは派遣賛成 3，派遣反対 5，派遣？ 2 であるので，これらの平均値としての座標は次のようにして求めればよい。まず派遣反対と派遣？を結ぶ線を 2 対 5 (5 対 2 ではない) に分割する点と派遣賛成を結ぶ線を引く。次に派遣賛成と派遣？を結ぶ線を 2 対 3 の比で分割する点と派遣反対を結ぶ線を引く。これら二線の交差点が平均値，貿易賛成の座標である。同様にして貿易空間に派遣カテゴリーを射影すると図 8.2 が得られる。このようにして射影という概念を用いて違う空間に布置する点を同一空間に持ち込むことができる。この意味で図 8.1 と図 8.2 は幾何学的には正しいグラフである。

しかしデータの構造を解釈するという観点からは上の射影のグラフは採用し

8-2 行空間と列空間の隔たり

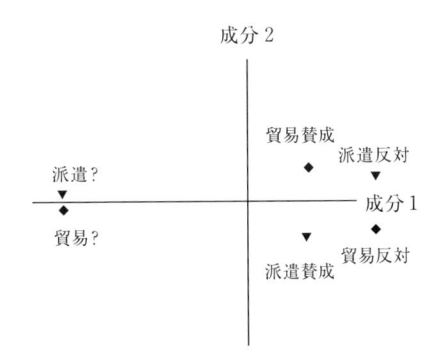

図 8.3 異空間にある2セットの射影値をプロット（対称尺度図）

がたい。なぜかというと正規化された重みというのはデータの構造を反映していない。つまりある成分がデータの情報を多く説明していてもしていなくても分散を等しくしているのが正規化された重みである。この例題の場合には2成分のデルタの値は成分1が96.7%，成分2がわずか3.3%であるにもかかわらず，図8.1と図8.2の正規化された重みは次元1，次元2の相対的分散を反映せず，ほとんど正三角形に近い形を示している。これからは次元1(横軸)がデータのほとんどの情報を担っているということは全くわからない。つまりデータの構造を見るためには射影された重みを見なくてはならない。

そこで出されたのが対称化グラフ(symmetric scaling)あるいはフレンチプロットといわれるもので，射影された行の重みと射影された列の重みを同じグラフに示すもので図8.3がその例である。本書でもこの方法のグラフをインシデンスデータの場合用いたが，これは別の空間にある二つのセットの変量を同じ空間に無理やり押し込めてしまう方法なので，グラフは大雑把な関係を示すだけで正確さを欠く。フランスのルバールら(Lebart, Morineau & Tabard, 1977)はこの種のグラフに見られる行変数と列変数の距離は正確さを欠くのでグラフの解釈には注意を要すると警告している。しかしこのグラフ法が常套手段となってしまった今日，どれだけの研究者がルバールなどの警告に注意を払うであろうか。このような空間の問題が念頭にあり，西里(Nishisato, 1980a)はグラフをほとんど用いずに双対尺度法を解説した。しかし，「数量化というのはグラフによるデータ解析法であるのにグラフが出てこない」ということで西里の書は特にフランスの研究者から批判を受けた。しかし正直な話し，理論的な問題を含むグラフ法を広めることは正しくない。これと対照的なのは西

里が推進したドミナンスデータのグラフで，そこでは正規化された空間に他の変数を射影し，刺激の順位を解釈する(Nishisato, 1994, 1996)ので問題はない。

インシデンスデータのグラフの問題に直接対処すべく西里とクラベル(Nishisato & Clavel, 2002)は特異値が射影子の役割を果たしている(Nishisato, 1980 a)という考えに基づき，次元 k における行変数の軸と列変数の軸の隔たりの角度は

$$\theta_k = \cos^{-1} \rho_k$$

であることを述べている。例題の場合，行空間と列空間の隔たりは次元1(成分1)で $\theta_1 = 42.62$ 度，次元2で $\theta_2 = 82.19$ 度であるから，その隔たりは意外に大きい。とくに成分1の特異値は0.74で極めて大きいことから空間の隔たりは小さいであろうという予期に反したものである。図8.3はこれらの隔たりが0であるという条件で描かれたものであるが，この前提がいかに非現実的なものであるかがうかがわれる。したがって大多数の研究者が使っている対称尺度化のグラフと実際のデータ構造とは随分かけ離れているのではないかと思われる。数量化は特異値を最大にするような行の重み，列の重みを決定することから，それは行空間と列空間の隔たりを最小にする操作であることに通ずる。だからといってその隔たりがゼロであるという取り扱いは極端で正当化し難い。数量化の結果を因子分析の場合のように軸の回転で変数の布置を解釈しやすいように，というような研究があるが，軸を回転するとせっかく最小にした行空間と列空間の隔たりが一般には大きくなってしまうということに注目してほしい。つまり軸の回転は数量化の場合禁物である。

さて2次元空間で完全に記述できると考えられたデータを正確に記述しようと思うと行空間と列空間の隔たりのため4次元空間を必要とするというのは意外であろう。確かに3×3のデータ行列には行，列両空間の情報と空間のずれの情報がすべて内包されている。それなのに完全な記述には4次元空間を必要とするということはどういうことであろうか。

これは将来反発を受けそうな問題であるのでその意図を明らかにしておこう。分割表の数量化(さらに一般的には2元表の数量化)は行の解析と列の解析に対称関係があり，その関係が双対式で表現されている。これを換言すると，我々が数量化といって解析することは，2元表の行空間に列変数を射影して解析しているか，列空間に行変数を射影して解析しているか，ということである。したがって3×3の分割表の数量化には無意味な解を除去するので2次元

8-2 行空間と列空間の隔たり

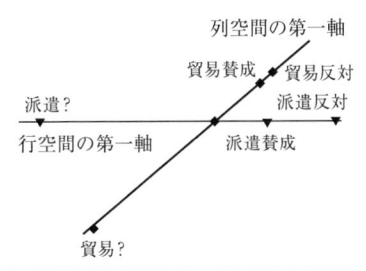

```
                           列空間の第一軸
                        貿易賛成  貿易反対
                  派遣?           派遣反対
              行空間の第一軸   派遣賛成

                    貿易?
```

図 8.4 行空間と列空間の第1軸の隔たりと変数の座標

空間で十分である。しかし行変数と列変数を同時に同じ空間に収めようとすると 3×3 の分割表の場合には，2次元のそれぞれの空間で行変数と列変数の記述に2次元空間が必要なので，データを包括するには 2×2，つまり4次元空間が必要になる。分割表というのは圧縮したデータの表現なので，それを完全に解析するには，インプットのデータをもっと大きな行列に変換してからの方が理解しやすいし，解析も簡単になるはずである。

図 8.4 は成分1だけを正確にグラフに示したものである。図 8.3 から予想する成分1に関する軍隊派遣，自由貿易の関係の構造は図 8.4 ではずいぶん違っている。成分1と成分2の正確な4次元構造は図 8.3 からでは想像できないものであろう。

行変数と列変数を同一の空間（これを全空間とよぶ）に収容した場合，その空間における行変数と列変数間の距離（セット間の距離という）は次式で与えられる (Nishisato & Clavel, 2010)。

$$d_{ij}=\sqrt{\sum_{k=1}^{K}\rho_k^2(y_{ik}^2+x_{jk}^2-2\rho_k y_{ik}x_{jk})}$$

全空間における距離であればデータから計算できるのではないかという疑問が当然として出るが，行空間と列空間の隔たりは次元 k ごとに異なるので，これはデータから直接計算できない。

セット間の距離に対して行変数間の距離，列変数間の距離をセット内の距離とよぶ。これらは次式により計算される。

$$d_{ii^*}=\sqrt{\sum_{k=1}^{K}\rho_k^2(y_{ik}-y_{i^*k})^2} \quad \text{および} \quad d_{jj^*}=\sqrt{\sum_{k=1}^{K}\rho_k^2(x_{jk}-x_{j^*k})^2}$$

このように考えると2元表のデータの情報は次のような大きな行列で表現するのが適当であるように考えられる。

$$D = \begin{bmatrix} D_{yy} & D_{yx} \\ D_{xy} & D_{xx} \end{bmatrix}$$

ただし D_{yy} は行変数間の距離行列，D_{yx} は行と列の間の距離行列，D_{xy} は列と行の距離行列，D_{xx} は列変数間の距離行列である．例題の場合，この行列の要素の行列がすべて 3×3 であるので，この大きな行列は 6×6 となり，変数間の距離関係を示すには4次元空間が必要となる．

8-3 総情報量を対象にした解析

これまで見てきたように現在の常套手段となっている対称化グラフは明らかに正当化のできない方法である．なぜこれまでこのような問題が無視されてきたのか？ 一つの理由は対称化グラフでデータが都合よく解釈できたからであろう．これは多変量解析をする場合に注意しなくてはならない問題である．たとえば誤って計算した因子分析の結果でも結構まともに見える解釈ができるということがある．これは多くの研究者が経験している．しかし，対称化グラフは誤りで，その正当性を結果の解釈ができるかできないかで決めることはできない．

これを是正すべく全情報解析 (TOTAL Information Analysis, TIA：Nishisato & Clavel, 2010) が提唱された．まず $n \times m$ の分割表を数量化にかけてすべての成分を取り出す．それらを全成分を用いてセット内の距離行列とセット間の距離行列からなる $(n+m) \times (m+n)$ の距離行列を構成し，行変数と列変数を同一多次元空間内で解析しようというのが全情報解析の目的である．西里とクラベルは過去10年ほどの共同研究に基づいて TIA の提唱をしているが，その動機となったのは通常無視されるセット間の距離を解析に取り入れることのほか，もう一つの関心事があった．それは多変量解析の常套手段である「小次元で多次元データを解釈しよう」ということである．本書でもたとえば成分1と成分2でデータの情報の 80% を説明しているから，それで十分であろうというような取り扱いをしてきた．同じようなことは因子分析でも主成分分析でも日常茶飯事として見られる．しかし小次元で多次元データを見ると第1の問題として，まれにしか見られない現象 (たとえば異常な性格，判断，行動，まれな疾患，特殊な好みのパターン) を見逃す可能性があること，第2は，たとえば2個の変数が3次元空間にあるとした場合，それを2次元空間に射影すると2点間の距離が短くなるために，小次元のほうが変数のクラスターを見

つけやすくなるという危険があること(Nishisato, 2005 b)である。前者は，データに含まれる数パーセントの情報は捨ててしまうというような場合に発生するし，後者は10次元空間に布置する変数を2次元空間で見ると，かなり遠く離れた2変数が近くにある変数として見られてしまいデータが単純な構造を持ったものという結論に達する危険をもたらす。しかし，小次元でデータを解釈することは誰しもすることで，ここでは見解の相違の問題として全空間でのデータの解釈を支持したい。将来の一方向であると考えたい。

8-4　TIAの応用

これまで見たTIAの記述だけでは納得がいかないかもしれないので，さらに数値例を見てどのような解析が行われるかを吟味しよう。2章でクレッチマーの気質体型論のデータを解析し，その結果を2次元のグラフで解釈した。対称尺度法によるグラフであったので，別の空間にある行変数と列変数を同じ空間に示したことにより不正確なグラフを解釈した。それらの分布は，行と列の空間の隔たりにより4次元空間を必要とする。2章では2成分を抽出し，三つの気質，五つの体型の射影された重みなどの統計量を見た。すべての成分(この例では2成分)を用い，本章の式による4次元空間に存在する行変数，列変数の距離関係(セット内，セット間距離)を計算しよう(表8.3)。

TIAでは情報がどのように分散していてもすべての成分，つまりデータ全

表 8.3　4次元空間を必要とするセット内とセット間の距離

	MD	SC	EP	PY	LE	AT	DY	OT
MD*	0							
SC	1.27	0						
EP	1.62	0.75	0					
PY	1.03	1.06	1.37	0				
LE	1.24	0.34	0.77	1.19	0			
AT	1.31	0.41	0.64	1.30	0.50	0		
DY	1.51	0.72	0.77	1.54	0.84	0.34	0	
OT	1.13	0.26	0.67	1.10	0.40	0.29	0.61	0

＊MD = Manic-Depressive(躁うつ気質)　　SC = Schizophrenic(分裂気質)　　EP = Epileptic(てんかん気質)　　PY = Pyknic(小太り)　　LE = Leptosomatic(やせ型)　　AT = Athletic(筋力型)　　DY = Dysplastic(不均衡体型)　　OT = Others(その他)

体を解析の対象にする。しかし小次元でのデータ解析を破棄すると，これまで以上の多次元を解析の対象とすることになり，多次元グラフをどのようにして導入するかという問題が浮かぶ。これは困難な問題である。多次元グラフにはアンドリューズ曲線(Andrews, 1972)がある。それは多次元の成分を三角関数の和として示し2次元のグラフに収めるもので素晴らしいアイデアであるが，グラフの解釈が難しい。複雑な三角関数の和を理解するのは難しいことである。もし様々な条件下で同じ刺激に関してデータが得られたというような状態では，各データセットからアンドリューズ曲線を得，それらを比較しどのような条件下で類似の曲線が得られるかを論ずることは可能であろう。しかし我々が通常直面するデータ解析はデータセットが一つという場合で，さらに探索的に解析することが多い。多次元空間のグラフとして様々な色彩，形などを利用するものもあるが，それも有効なのは小次元の場合に限られる。

　TIA では，このような軸の解釈に固執した従来の正当法を離れ，次元の概念には基づかないクラスター解析を用いることを提唱している。つまりクレッチマーのデータから得られる 8×8 の距離行列をクラスター解析にかけ，4次元空間の中にどのような変数が近在してクラスターを構成しているか，そして何個のクラスターがあるかを見つけようとするものである。次元に基点をおく因子分析などとは異なり，クラスター分析は次元に関係がない。つまり二次元空間に多数のクラスターを求めるということが可能である。すべての変数がどれかのクラスターに入るという条件を加えると変数を放棄することなく，まれにしか見られない事象も捉えることができる。

　クラスターの構成にはクラスターの数理構造などを導入しないことが望ましい。TIA では各変数を相互排他的なクラスターの一番近いものに入れるという分割法を用いる。ここでは k 個のクラスターを最小2乗的に構成する k 平均法 (k-means clustering) を用いる。我々が求めたいものは各クラスターに属する変数，クラスター間の距離，クラスター内の変数間の平均距離である。クラスターの数は任意に決めなくてはならない(これは将来検討すべき問題である)ので，ここでは2章で見た結果に従い，クラスター数を3個と指定しよう。その結果は

　　　クラスター1：{躁うつ気質，小太り型} クラスター内距離＝0.156
　　　クラスター2：{分裂気質，痩せ型，その他} クラスター内距離＝0.560
　　　クラスター3：{てんかん気質，不均衡体型，筋力型} クラスター内距離
　　　　　　　＝0.520

8-4 TIAの応用

クラスター間の距離は表8.4のとおりで、クラスター内距離と比較すると3個のクラスターが手際よく分割されているのがわかる。2章で得た結果と比較してほしい。

それではもう少し大きな数値例を見ることにしよう。表8.5はガーマイズとリクラック(Garmize & Rycklak, 1964)のデータで、実験的に誘導した6種類の気分(ムード)のもとにロールシャッハ図形を提示し、そこに何を見たか、その反応と気分の分割表である。このデータは西里(Nishisato, 1994)が5次元空間を使い対称尺度法で解析しているが、そのときの結果は表8.6のとおりである。表の大きさは11×6であるので全情報を摘出するには5個の成分が必要である。それら5成分を用いて計算されたセット内、セット間の距離行列は17×17となるが、これは紙面の都合で掲載しない。この距離行列を完全に記述するには10次元(2×5個の成分)の空間を必要とする。ここでは対称尺度化の結果(表8.6)と同じに6個のクラスターを摘出する。

表 8.4　クレッチマーのデータのクラスター間の距離

	A	B	C
躁うつ気質，小太り(A)	0	1.014	1.305
分裂気質，痩せ型，他の体型(B)	1.014	0	0.498
てんかん気質，不均衡体型，筋力型(C)	1.305	0.498	0

表 8.5　気分とロールシャッハ反応

	恐怖	怒り	抑うつ	大望	安心	愛情
こうもり	33	10	18	1	2	6
血	10	5	2	1	0	0
蝶々	0	2	1	26	5	18
洞窟	7	0	13	1	4	2
雲	2	9	30	4	1	6
火	5	9	1	2	1	1
毛皮	0	3	4	5	5	21
仮面	3	2	6	2	2	3
山	2	1	4	1	18	2
岩	0	4	2	1	2	2
煙	1	6	1	0	1	0

表 8.6　対称化尺度グラフに見られるクラスター

こうもり，血	—— 恐れ
蝶々	—— 大望
毛皮	—— 愛
洞窟，雲，仮面	—— 抑うつ
山	—— 安心感
火，岩，煙	—— 怒り

クラスター1：{こうもり，血；恐怖}
クラスター2：{蝶々；大望}
クラスター3：{毛皮；愛}
クラスター4：{洞窟，雲，仮面；抑そう}
クラスター5：{山；安心感}
クラスター6：{火，岩，煙；怒り}

　この場合も前例と同じく，全般的にクラスター内の距離が小さく，クラスター間の距離が大きいということでクラスターがよく分離している．対称尺度化より TIA の結果の方が明らかに我々の常識的な分類に合致するようである．

　ここに紹介した全情報解析は数量化をさらに一歩進める方法として取り上げた．この解析のためにもコンピューターのプログラムが必要である．いずれにせよ対称グラフ法によるグラフには理論的な問題がある．いくら広く使われているからといってそれに固執することはない．2元表の解析は，行と列の関係を明らかにすることに焦点が置かれるべきであるのに対し，対称グラフ法はその関係を破壊した簡便法として使われていたのがいつの間にか常套手段になってしまった．是正したい．また TIA のクラスター解析は一案に過ぎず，将来さらに有用な方法が見つかるものと思われる．

演習問題 8．

8-1　本書で用いられた分割表，多肢選択データ，分類データの例で統計量が出ているものに関して行空間，列空間の隔たりの角度を計算し，隔たりがもたらすであろう解釈の誤りについて述べよ．

9章

方法論の概念化と数式化

9-0 はじめに

　数量化の応用を見てきたが，この章ではもう少し専門的な観点から数量化を眺めてみよう。これまでは数量化を直感的に理解すべく漸近的近似法である交互平均法と強制分類法を考えたが，その計算は大変な労力を要する。それに代わって数量化の問題を数学的に定義し，漸近的にではなく直接問題を解くという観点から数量化を見ていこう。数学を避けるべく，その検討をこれまで伸ばしたが，数量化の何かを理解したいま，もう一度その背後にある考え方をながめ，それを数式化し，これまでの議論をまとめたい。

　数量化の背後には実に多くの一見異なった方法が存在する。数量化の問題は多くの研究者の注目を引いた。その主な理由はデータの多くは比率測度でなく，データ解析の一部としてデータの変換が必要であったからであろう。多くの領域で関心を集めたことと，もう一つは「最適」の数量化の基準が多数あることが数量化の普遍性，学際性，国際性を高めている。しかも様々な考えに基づく最適基準が実は全く同じ結果を導いたということは驚くばかりで，これが多くの名前（林の数量化理論，双対尺度法，最適尺度法，コレスポンデンスアナリシス，同質性解析，カテゴリーデータの主成分分析など）の出現の背後にあったと考えられる。しかしこれらはすべて基本的には同じ方法であるといえよう。それでは数量化の様々な考え方を紹介する。

9-1 整合性の原理に基づく数量化

　ガットマン（Guttman, 1941）は，整合性の原理（principle of internal consistency）を提唱した。整合性というと難しい概念のように聞こえるが，実は常識

で理解できるもので，ガットマンは次のように説明している。被験者が n 個の多肢選択質問に答えた場合，内的整合性をもった得点法とは何かというと

(1) ある項目の一つの選択肢を選んだ被験者たちの得点は，同じ選択肢を選んだのであるから類似の得点が与えられるべきこと
(2) ある被験者が選んだすべての項目の選択肢の重みは，同じ被験者に選ばれたのであるから類似の重みを与えられるべきこと
(3) ある被験者の得点とその被験者が選んだ選択肢の重みは，同じ反応に関わるものであるので，その得点と重みは類似の値をとるべきである

ということになる。数値例を使って，この考えを具体化してみよう。次の三つの多肢選択項目(表9.1)と7人からの反応(表9.2)を考えよう。

ただし，1 は，その被験者がその選択肢を選んだことを示し，0 は不選択を示す。Y と X はそれぞれ被験者の得点と選択肢に与える重みで，ともに未知数である。内的整合性とは何かを上の個々のケースに関して見てみよう。

(1) 選択肢ごとにそれを選んだ被験者の得点表を作ろう(表9.3)。未知の得点 Y が7個あるが，これらを決めるときに，各選択肢内にある得点にでき

表 9.1 三つの多肢選択項目

1.	イラク戦争に対して	(賛成，中立，反対)
2.	髪を染めることに対して	(賛成，中立，反対)
3.	飲酒に対して	(賛成，中立，反対)

表 9.2 サンプルデータ

被験者	イラク			髪染			飲酒		
	賛	中	反	賛	中	反	賛	中	反
	X_1	X_2	X_3	X_4	X_5	X_6	X_7	X_8	X_9
1 Y_1	1	0	0	0	1	0	1	0	0
2 Y_2	0	1	0	1	0	0	1	0	0
3 Y_3	0	0	1	0	0	1	0	0	1
4 Y_4	0	0	1	0	1	0	0	1	0
5 Y_5	0	0	1	0	1	0	0	0	1
6 Y_6	0	1	0	0	0	1	0	1	0
7 Y_7	0	1	0	0	1	0	0	0	1

るだけ似た数値を与えよ，というのである．これは数学的に数式化できる問題である．後ほど検討される1元配置の分散分析法の考えに基づく方法の検討で詳しく出てくるが，操作的には，選択肢内の変動（級内変動といってSS_wで示す）を最小に，選択肢間の変動（級間変動とよびSS_bで示す）を最大にするという問題になる．

(2) 被験者ごとに選んだ選択肢の表を作ろう（表9.4）．未知の重みが9個あるが，これらを決めるときに，各被験者内の重みにできるだけ似た数値を与えよ，というのである．これも数学的に数式化できる問題で，選択肢の重みを決定するのには被験者内の変動（SS_w）を最小に，被験者間の変動（SS_b）を最大にする問題である．

(3) 7人の被験者が3個の多肢選択項目に反応したのであるから，データから得られる被験者と選択肢の組み合わせは21個ということになる．それらを示すと，次のとおりである（表9.5）．これらの対の未知数同士に似た数値を

表 9.3 被験者の得点の数量化

$\{X_1\}$: Y_1
$\{X_2\}$: Y_2, Y_6, Y_7
$\{X_3\}$: Y_3, Y_4, Y_5
$\{X_4\}$: Y_2
$\{X_5\}$: Y_1, Y_4, Y_5, Y_7
$\{X_6\}$: Y_3, Y_6
$\{X_7\}$: Y_1, Y_2
$\{X_8\}$: Y_4, Y_6
$\{X_9\}$: Y_3, Y_5, Y_7

表 9.4 選択肢の重みの数量化

$\{Y_1\}$: X_1, X_5, X_7
$\{Y_2\}$: X_2, X_4, X_7
$\{Y_3\}$: X_3, X_6, X_9
$\{Y_4\}$: X_3, X_5, X_8
$\{Y_5\}$: X_3, X_5, X_9
$\{Y_6\}$: X_2, X_6, X_8
$\{Y_7\}$: X_2, X_5, X_9

表 9.5 得点の重みの同時数量化

$(Y_1, X_1), (Y_1, X_5), (Y_1, X_7)$
$(Y_2, X_2), (Y_2, X_4), (Y_2, X_7)$
$(Y_3, X_3), (Y_3, X_6), (Y_3, X_9)$
$(Y_4, X_3), (Y_4, X_5), (Y_4, X_8)$
$(Y_5, X_3), (Y_5, X_5), (Y_5, X_9)$
$(Y_6, X_2), (Y_6, X_6), (Y_6, X_8)$
$(Y_7, X_2), (Y_7, X_5), (Y_7, X_9)$

与えたい。このときピアソンの相関係数が最大になるので，これは相関が最大になるように試験者の得点と選択肢の重みを決めてやればよい。

9-2　線形回帰の原理に基づく数量化

ハーシフェルト(Hirschfeld, 1935)は，2変数分割表が与えられたとき，行の列に対する回帰，列の行に対する回帰が同時に線形になるように数量化できないか，という問題を考えた。リチャードソンとクーダー(Richardson & Kuder, 1933)は，ホースト(Horst, 1935)が交互平均法とよんだ方法を数量化に用いた。これらは，共にカテゴリーデータの数量化による線形回帰を目指したものである。表9.2のデータが得られた場合，この方法では，行の入れ替え(並べ替え)と列の入れ替えをしながら，同時に行間の間隔と列間の間隔の調整をして，反応 "1" ができるだけ直線に並ぶようにし，さらに平均値が直線上に並ぶようにするのが，同時線形回帰の考えである。そのときの行の縦軸の座標が，被験者の得点，列の水平軸の座標が選択肢の重みである。ちなみに上記のデータを用い，行と列が同時に線形回帰を示すような方向にデータを並べ替えてみよう。反応パターンがよく見えるように0を省略してある。1が対角線に沿って並んでいるのがわかる(表9.6)。同時線形回帰法では，このあと Y の間隔，X の間隔を連続量の尺度上で調整し，7個の Y の平均値，9個の X の平均値が直線上に並ぶようになったとき，それらの値の Y と X を最適の重みと定義する。そのような同時線形の関係は常に得られるので，2分表のデータの行と列の最適の重みは常に存在する。

表 9.6　反応パターン

	X_3	X_6	X_9	X_8	X_5	X_2	X_1	X_7	X_4
Y_2						1		1	1
Y_1					1		1	1	
Y_7			1		1	1			
Y_6		1		1		1			
Y_5	1			1					
Y_4	1				1	1			
Y_3	1	1	1						

9-3　1元配置の分散分析に基づく数量化

　数量化の問題から離れて一般的なデータとして薬の病気に対する効果を考えよう。K グループの被験者でグループ k には n_k の被験者がおり，このグループには薬 k が用いられた。Z_{ki} はグループ k の被験者 i の聴覚刺激に対する反応閾値とする。被験者の総数は $\sum_{k=1}^{K} n_k = N$ とする。ここで次の統計量を規定しよう。

$$\bar{Z} = \frac{\sum_k \sum_i Z_{ki}}{N} = \text{すべてのデータの平均値}(N \text{人の反応の平均値})$$

$$\bar{Z}_k = \frac{\sum_{i=1}^{n_k} Z_{ki}}{n_k} = \text{グループ } k \text{ の平均値}$$

$$SS_t = \sum_k \sum_i (Z_{ki} - \bar{Z})^2 = \sum_k \sum_i Z_{ki}^2 - \frac{(\sum_k \sum_i Z_{ki})^2}{N} = \text{全平方和}$$

$$SS_b = k \sum_k (\bar{Z}_k - \bar{Z})^2 = \sum_k \frac{(\sum_i Z_{ki})^2}{n_k} - \frac{(\sum_k \sum_i Z_{ki})^2}{N} = \text{級間平方和}$$

$$SS_w = \sum_k \sum_i (Z_{ki} - \bar{Z}_k)^2 = SS_t - SS_b = \text{級内平方和}$$

統計学では全平方和は各得点が全平均からどれだけ隔たっているかの指標，級間平方和はグループの間がどれだけ隔たっているかの指標，級内平方和はグループ内の変動の指標であり，これらの間には次の関係が知られている。

$$SS_t = SS_b + SS_w$$

分散分析法では，これをデータにおける全変動の直交分解とよんでいる。さらに，この分解を用いて，相関比 (η^2) が定義される。

$$\eta^2 = \frac{SS_b}{SS_t} = 1 - \frac{SS_w}{SS_t}$$

　ここでガットマンの整合性の原理を思い出してほしい。それはまさに相関比を最大にするように選択肢の重みを決めること，そして相関比を最大にするように被験者の得点を決めることに通ずることである。例題の場合，相関比を最大にするような選択肢の重みを決めるには，表9.4の未知数の X に関して平方和を定義し，相関比がどのように表現されるか考えればよい。同様に被験者の最適得点を求めるには，データを未知数 Y で表現し(表9.3)それから相関比の式を求め，相関比が最大になるような Y を求めればよい。

さてこのような種々の考えがすべて基本的には同じ式(固有方程式といわれるもので後ほど検討する)にたどり着くということは興味深い。そしてその解(最適の行の重み，最適の列の重み，特異値)は次式の双対の関係を満たすことが知られている。

$$y_{ik} = \frac{1}{\rho_k} \frac{\sum_{j=1}^{m} f_{ij} x_{jk}}{f_i} \quad \text{そして} \quad x_{jk} = \frac{1}{\rho_k} \frac{\sum_{i=1}^{n} f_{ij} y_{jk}}{f_j} \quad \text{ただし} \quad 0 \leq \rho_k \leq 1$$

前章で述べたようにこれを次のように書き換えると行空間，列空間の隔たりがわかる。

$$\rho_k y_{ik} = \frac{\sum_{j=1}^{m} f_{ij} x_{jk}}{f_i} \quad \text{そして} \quad \rho_k x_{jk} = \frac{\sum_{i=1}^{n} f_{ij} y_{jk}}{f_j}$$

9-4 カテゴリーデータの相関

数量化された変量間の相関係数としては様々な統計量が考えられることは，これまでの数量化の方法の検討からうかがわれる。ここでは先に用いた血圧，偏頭痛その他の変数のデータを例として相関係数にまつわる諸問題を検討しよう。このデータ収集のための質問紙は表 1.1，それにより集められたデータは表 1.2 である(p. 10, 11 を参照)。まず数量化をせずにデータをリッカート得点として計算したピアソンの相関行列は表 9.7 のとおりである。この相関行列は，リッカート得点が適当なものであるという前提で計算された変数間の線形関係を記述するものであるが，実際には多くの非線形関係を含む情報がデータに含まれているため，この相関行列はデータを記述するには不適当であることを見た。

表 9.7 リッカート得点(表 1.2)から得られたピアソンの相関行列

	血圧	頭痛	年齢	不安	体重	身長
血圧	1.00					
頭痛	−0.06	1.00				
年齢	0.66	0.23	1.00			
不安	0.18	0.21	0.22	1.00		
体重	0.17	−0.58	−0.02	0.26	1.00	
身長	−0.21	0.10	−0.30	−0.23	−0.31	1.00

9-4 カテゴリーデータの相関

リッカート得点の問題点は、等間隔の得点が必ずしもこのデータの記述にはふさわしくないこと、データに含まれる変数間の非線形関係をとらえることはできないということであった。それに対して数量化の方法ではカテゴリー得点の非等間隔性と非線形性を上手にとらえることが可能であるので、リッカート法の難点を一応克服できる。しかしこのデータを数量化で解析した場合、12個の成分が抽出されること、そして成分ごとに相関行列が得られるので合計12の相関行列が得られる。これは大変な情報量である。最初の2個の成分の相関行列を例として示す(表9.8)。ひとつ重要なことは、これら12の相関行列を分解すると、いずれの場合も固有値(線形結合の分散)が正の値をとる。これは数学的にいうと解析がユークリッド空間内で行われているという証で、多次元解析にとっては好都合である。しかしいま変数A、B間の相関を考えると、データセットから変数を捨てるか、データセットに新しい変数を加えるとその相関係数の値が変化する。つまり数量化の結果から計算される相関係数はどのような変数がデータに含まれているかによって決まる。これは実際問題として不都合である。というのは我々が考えている変数A、B間の相関というのはデータセットにある他の変数とは独立に計算できるという前提に基づいて理解しているからである。それが守られないということは、相関の考えを変えなくてはならない、あるいはどう対処すべきかわからない問題を提起する。12の相関行列が出てくるという数の問題に関しては固有値の一番大きな成分1から計算される相関行列を採用しようとする立場もあるが、これもその相関行列の要素が他にどのような変数が含まれているかにより左右されるのであれば、その採用には二の足を踏む。

表 9.8 数量化から得られた成分1、成分2の相関行列

	成分1						成分2					
	血圧	頭痛	年齢	不安	体重	身長	血圧	頭痛	年齢	不安	体重	身長
血圧	1.00						1.00					
頭痛	−0.06	1.00					−0.06	1.00				
年齢	0.66	0.23	1.00				0.59	−0.31	1.00			
不安	0.18	0.21	0.22	1.00			0.07	0.35	0.35	1.00		
体重	0.17	−0.58	−0.02	0.26	1.00		0.28	0.62	−0.01	0.19	1.00	
身長	−0.21	0.10	−0.30	−0.23	−0.31	1.00	0.31	0.29	0.32	0.17	0.38	1.00

そこで現れたのが LISREL (Jöreskog & Sörbom, 1996) で採用されたケンドール-スチュアートの正準相関 (Kendall & Stuart, 1961) である。ホテリングの正準相関 (Hotteling, 1936) は連続変数のセットと連続変数のセットとの相関で，2個の線形結合の間の相関係数と考えればよいが，そこから出てくるものは相関係数 (正準相関) と 2 個のセットの変数の最適の重みである。ケンドール-スチュアートの正準相関は同じ考えをカテゴリーデータに当てはめたもので，例題のデータを反応パターンで示し (表 3.1)，15×3 と 15×3 のセットの間の相関で，そこから出てくるものは 2 個の線形結合の相関係数 (正準相関) と 6 個のカテゴリーの最適の重みである。例題の場合ケンドール-スチュアートの正準相関の行列は表 9.9 のとおりである。この相関は LISREL (Jöreskog & Sörbom, 1996) の利用者によって用いられた。これは連続変数に関する概念をカテゴリー変数に直接当てはめたもので何の問題もないように見えるが，数量化の立場からは誤った展開である。ケンドール-スチュアートの正準相関はカテゴリー変数が 2 個ある場合には選択肢×選択肢の分割表の数量化と完全に同じもので，その結果には意味があるが，それを 2 個以上のカテゴリー変数の対に独立に応用しようとしたところに誤りがある。数量化の立場からいうと，たとえば血圧と偏頭痛の正準相関で得られた血圧のカテゴリーの重みが，血圧と年齢の正準相関で得られた血圧のカテゴリーの重みと一般には等しくない，つまり相手の変数により血圧の空間を変えてしまっていること，したがって正準相関の概念をカテゴリーデータが 2 個以上あるデータの対ごとに用いると，その操作が幾何学的には説明できなくなる。その結果カテゴリー変数が 2 個以上ある場合の正準相関行列からは負の値をもつ固有値 (線形結合の分散) が出てくる可能性が増す。固有値が負ということはユークリッド空間では説明で

表 9.9　ケンドール-スチュアートの正準相関行列

	血圧	頭痛	年齢	不安	体重	身長
血圧	1.00					
頭痛	1.00	1.00				
年齢	0.74	0.58	1.00			
不安	0.48	0.79	0.75	1.00		
体重	0.45	0.67	0.55	0.37	1.00	
身長	0.62	0.44	0.33	0.33	0.45	1.00

9-4 カテゴリーデータの相関

きないことで,解析がユークリッド空間をはみ出すということにほかならない。この理由だけでも変数が2個以上あるカテゴリーデータの場合,対ごとにケンドール-スチュアートの正準相関を求めることは誤りで,避けなくてはならない。

ここで数量化を離れカテゴリーデータの間の相関を眺めてみよう。有名なものにチュプロフ連関係数 T(Tschuproff, 1925)とクラメール連関係数 V (Cramér, 1946)があり,これらは次式で示される。

$$T=\sqrt{\frac{\chi^2}{f_t\sqrt{(m-1)(n-1)}}} \quad \text{および} \quad V=\sqrt{\frac{\chi^2}{f_t(p-1)}}$$

ただし m はカテゴリー変数1のカテゴリー数, n はカテゴリー変数2のカテゴリー数, p は m と n のうちの小さい方の値, f_t は反応の総数, χ^2 は $m\times n$ の分割表から得られるカイ2乗値である。T と V の最小値はともに0であるが,最大値は両者で違う。T の最大値は

$$T_{\max}=\sqrt{\frac{m-1}{n-1}}, \quad \text{ただし } m\leq n \text{ とする。}$$

$m=n$ の場合, $T_{\max}=1$ となる。

V の最大値は常に1である。これにより通常は V が好まれてきたし,上限がデータによって一定していないチュプロフの連関係数を使わなければならない理由も見当たらない。クラメールの連関係数はチュプロフの連関係数を改善したものと考えてよいであろう。例題の場合クラメールの連関係数行列は表9.10のとおりである。負の値がないこと,そしてどの係数もケンドール-スチュアートの正準相関を越えていないことに注目しておこう。

クラメールの連関係数行列はデータ全体から得られる唯一の相関行列で,これまで見てきた相関行列に比べて理論的な問題はなさそうである。しかし社会

表 9.10 クラメールの連関係数行列

	血圧	頭痛	年齢	不安	体重	身長
血圧	1.00					
頭痛	0.71	1.00				
年齢	0.63	0.45	1.00			
不安	0.44	0.56	0.55	1.00		
体重	0.37	0.50	0.40	0.31	1.00	
身長	0.46	0.45	0.25	0.20	0.40	1.00

科学の文献を見るとチュプロフの連関係数もクラメールの連関係数もめったに使われていない。なぜであろうか。それはこれらの係数の意味が一見明らかでないからではないかと思う。線形の関係を示すものか，非線形の関係を示すものか，その両者を示すものか数式を見ただけでは見当がつかない。その意味は数量化の強制分類法との関係で明白になるので，それを一瞥しよう。

9-5 強制分類法とクラメールの連関係数

多肢選択データを強制分類法にかけると基準項目の選択肢から1を引いた数の成分だけで基準項目の全情報が取り出せることを見た。たとえば血圧のデータからは通常の数量化で12の成分が抽出され，そのときの情報（項目と成分の相関の2乗値）は12成分にくまなく分布している（表9.11）が，血圧を基準項目として強制分類をした場合には情報の分布が変化し，最初の2成分で基準項目血圧の全情報が説明されるようになる（表9.12）。血圧と他の項目との相関は，血圧のすべての情報が含まれる最初の2成分に対して他の各項目がどれほど寄与しているかにより定義されるべきであるとして西里（Nishisato, 2006）はその2成分に対応するほかの項目の情報に基づきカテゴリーデータの相関を

表 9.11 6個の多岐選択データの12成分にわたる情報分布

成分	血圧	頭痛	年齢	不安	体重	身長	平均（理論値）
1	0.92	0.93	0.54	0.41	0.11	0.36	0.5441
2	0.38	0.34	0.22	0.29	0.52	0.49	0.3747
3	0.40	0.48	0.55	0.46	0.18	0.01	0.3455
4	0.02	0.03	0.40	0.36	0.83	0.21	0.3070
5	0.02	0.01	0.03	0.31	0.06	0.35	0.1307
6	0.10	0.06	0.03	0.02	0.02	0.49	0.1202
7	0.04	0.08	0.13	0.06	0.12	0.03	0.0750
8	0.05	0.04	0.06	0.06	0.07	0.00	0.0473
9	0.04	0.01	0.00	0.03	0.05	0.05	0.0316
10	0.01	0.02	0.03	0.01	0.03	0.01	0.0173
11	0.00	0.01	0.02	0.01	0.01	0.00	0.0066
12	0.00	0.00	0.00	0.00	0.00	0.00	0.0000
和（理論値）	2	2	2	2	2	2	12

9-5 強制分類法とクラメールの連関係数

表 9.12 変数血圧を基準項目とした場合の情報の分布

成分	血圧	頭痛	年齢	不安	体重	身長
1	**1.0000**	0.9997	0.3427	0.2318	0.1969	0.3292
2	**1.0000**	0.0002	0.4505	0.1538	0.0771	0.0904
3	0.0000	0.7556	0.0749	0.5958	0.5133	0.2452
4	0.0000	0.0302	0.4964	0.4078	0.7958	0.1382
5	0.0000	0.0771	0.1995	0.1710	0.0152	0.5333
6	0.0000	0.0203	0.0593	0.2100	0.0479	0.4482
7	0.0000	0.0177	0.2764	0.0553	0.0808	0.0840
8	0.0000	0.0801	0.0268	0.0779	0.1334	0.0260
9	0.0000	0.0008	0.0111	0.0707	0.0789	0.0944
10	0.0000	—	—	—	—	—
11	0.0000	—	—	—	—	—
和(理論値)	2	2	2	2	2	2

定義した。たとえば血圧と頭痛の相関 ν は血圧の1に対応する頭痛の2個の値 0.9997, 0.0002 の関数として

$$\nu = \sqrt{\frac{0.9997 + 0.0002}{2}} = 0.71$$

同様に血圧と年齢の相関 ν は血圧の1に対応する年齢の 0.3427, 0.4505 から

$$\nu = \sqrt{\frac{0.3427 + 0.4505}{2}} = 0.63$$

が西里の ν である。

この係数の性質をさらに一般的なケースを使って明らかにするため選択肢の数が項目ごとに違う西里と馬場(Nishisato & Baba, 1999)のデータ[F_1, F_2, F_3, F_4, F_5]を使おう。各5問の15人からの反応パターンは表9.13のとおりである。このデータで項目1を基準とした強制分類法では基準項目の選択肢数が2個なので1個の成分で項目1の全情報が説明される。同様に基準として項目2, 3, 4, 5を使った強制分類法ではそれぞれ2, 3, 4, 5個の成分でそれぞれの基準項目の全情報量が説明される。基準項目の成分との相関の2乗が1となるものに対する他の項目の統計量を取りだして、一つの表にまとめると表9.14が得られる。たとえば項目1(選択肢数2)と項目3(選択肢数4)を基準項目とした場合を比較しよう。項目1が基準の場合、1個の成分で項目1の全情報が説明され、それに対する項目3の統計量は**0.134**, 項目3が基準の場合、

表 9.13 5個の選択肢数の異なる反応パターン

$$F_1=\begin{bmatrix}1&0\\0&1\\1&0\\0&1\\1&0\\0&1\\1&0\\0&1\\1&0\\0&1\\0&1\\1&0\\0&1\\1&0\\1&0\\0&1\\1&0\\0&1\end{bmatrix},\ F_2=\begin{bmatrix}1&0&0\\1&0&0\\0&1&0\\0&0&1\\0&1&0\\1&0&0\\0&0&1\\0&1&0\\0&0&1\\1&0&0\\0&1&0\\0&1&0\\0&0&1\\0&0&1\\1&0&0\\0&0&1\\0&1&0\\1&0&0\end{bmatrix},\ F_3=\begin{bmatrix}1&0&0&0\\0&1&0&0\\0&0&1&0\\0&0&0&1\\0&0&1&0\\0&0&0&1\\0&0&0&1\\1&0&0&0\\0&1&0&0\\1&0&0&0\\0&1&0&0\\0&0&1&0\\0&0&0&1\\0&0&0&1\\1&0&0&0\\0&1&0&0\\1&0&0&0\\0&0&1&0\end{bmatrix},\ F_4=\begin{bmatrix}1&0&0&0&0\\0&0&1&0&0\\0&0&0&1&0\\0&0&0&0&1\\0&1&0&0&0\\0&0&1&0&0\\1&0&0&0&0\\1&0&0&0&0\\0&0&0&0&1\\0&1&0&0&0\\0&1&0&0&0\\0&0&0&1&0\\0&0&0&0&1\\0&0&1&0&0\\1&0&0&0&0\\0&1&0&0&0\\0&0&0&0&1\\0&0&0&1&0\end{bmatrix},\ F_5=\begin{bmatrix}1&0&0&0&0&0\\0&0&0&0&1&0\\0&0&0&0&0&1\\0&0&0&0&0&1\\0&1&0&0&0&0\\0&0&0&1&0&0\\0&0&1&0&0&0\\1&0&0&0&0&0\\0&1&0&0&0&0\\0&0&0&0&1&0\\0&1&0&0&0&0\\0&0&0&0&1&0\\0&0&0&0&0&1\\0&0&1&0&0&0\\0&0&0&1&0&0\\0&0&0&1&0&0\\0&1&0&0&0&0\\0&0&1&0&0&0\end{bmatrix}$$

3個の成分で項目3の全情報量が説明され，それに対する項目1の統計量は0.082, 0.005, 0.047で合計が **0.134** で，どちらの項目を基準にしても基準でない方の項目の寄与量は同じである．ほかの対に関しても表9.14を吟味してほしい．

その次に気がつくことは，基準でない項目の寄与量はその項目の選択肢数と基準項目の選択肢数の小さい方の値から1を引いたものよりは大きくならないということである．項目1と項目3の例の場合は $0.134=0.082+0.005+0.047\leq\min(2,4)-1=2-1=1$，ただし $\min(p,q)$ は p と q のうちの小さい値を示す．いま基準項目の選択指数を p，基準項目でない項目の選択肢数を q，基準項目の統計量1に対応する基準項目でない項目の統計量の和を $\sum r_{pq}^2$ で示すと西里の相関関係数 ν は次式で示される．

$$\nu=\sqrt{\frac{\sum r_{pq}^2}{\min(p,q)-1}}$$

ところでこの2個の多肢選択質問のデータから選択肢×選択肢の分割表をつくり，それを数量化にかけると，そこから抽出される固有値の和は

9-5 強制分類法とクラメールの連関係数

表 9.14 基準項目の関数としての強制分類の情報の分布

	項目				
	1	2	3	4	5
	1.000	0.074	0.134	0.149	0.130
	0.004	1.000	0.580	0.262	0.311
	0.070	1.000	0.088	0.212	0.385
和	0.074		0.668	0.474	0.696
	0.082	0.569	1.000	0.547	0.208
	0.005	0.090	1.000	0.522	0.418
	0.047	0.009	1.000	0.209	0.289
和	0.134	0.668		1.278	0.915
	0.005	0.125	0.698	1.000	0.325
	0.067	0.100	0.129	1.000	0.318
	0.012	0.050	0.198	1.000	0.177
	0.065	0.199	0.253	1.000	0.516
和	0.149	0.474	1.278		1.336
	0.003	0.266	0.405	0.505	1.000
	0.020	0.296	0.330	0.366	1.000
	0.008	0.090	0.106	0.347	1.000
	0.035	0.034	0.046	0.082	1.000
	0.065	0.010	0.028	0.037	1.000
和	0.130	0.696	0.915	1.336	

$$I_{\text{total}} = \rho_1^2 + \rho_2^2 + \cdots + \rho_K^2 = \frac{\chi^2}{f_t}$$

という形に書くことができる。ただし $K = \min(p, q) - 1$。そしてさらに次の関係がある。

$$\sum r_{pq}^2 = \rho_1^2 + \rho_2^2 + \cdots + \rho_K^2$$

したがって西里(Nishisato, 2006)は次の関係を示した。

$$\nu = \sqrt{\frac{\sum r_{pq}^2}{\min(p, q) - 1}} = \sqrt{\frac{\chi^2}{[\min(p, q) - 1]f_t}} = クラメールの\ V$$

これによりクラメールの連関係数というのは多次元空間における線形,非線形関係を総合的に捉える相関係数で,西里の ν と同じであることがわかる。例題でいえば12成分に対応する12個の相関行列をまとめたものがクラメールの

連関行列,西里の相関行列である。これでカテゴリーデータの総合的な相関行列が明らかになった。数量化の12個の相関のように他にどのような変数があるかにより影響を受けるものではなく,2個の変数間の相関が他の変数とは独立に算定できることがわかった。

クラメールの連関係数が理解しにくいことはカイ2乗統計量の意味が明らかでないことに起因している。あるいは言葉を変えるとカイ2乗統計量の多次元解析がデータ解析では取り上げられてこなかったということかもしれない。西里の相関行列 ν の多次元解析は数量化そのもので12成分を出した解析である。それは ν を直接多次元解析にかけても我々の望むものは何も出てこない,というのは成分によってカテゴリーの非線形変換が変化するので,それを多次元線形解析にかけても意味がない。かけたとしても成分1では変数が正の重みをとるので,たとえば最初の2成分をグラフにするとほとんどの変数が第1象限と第4象限に納まる (Nishisato, 2007)。そのグラフを解釈しようとしても役に立つ情報は得られない。ν の代わりにチュプロフの係数の行列を直接多次元線形解析にかけた研究はサポルタ (Saporta, 1975) の論文に見られるが,その直交分解だけでは成分ごとにどのような変換が行われたかがわからず,データを説明するという観点からは,その目的がわからない。ν の多次元解析は数量化による12成分の摘出であり,それらの成分における変数のカテゴリーの重みがどのような変換が最適であるかを物語ってくれる。

西里の相関係数は幾何学的にカテゴリー変数をある変数で張られる空間に射影した場合の相対的射影量で規定しようというところに始まった。そのような

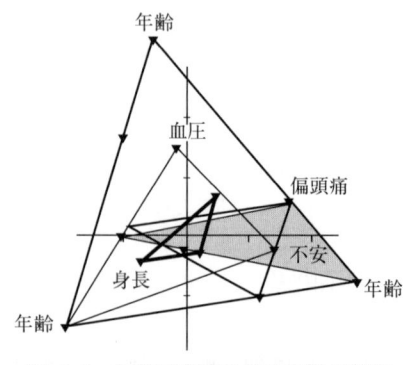

図 9.1 年齢の空間に他の変数を射影

射影を参考までにあげると図 9.1 の通りである。これは「年齢」の空間に他の項目を射影したものである。ただこのように幾何学的に解釈しようとすると，カテゴリー数が 3 以上になると多面体を扱うことになり，とくにカテゴリー数の違う変数間の相関の説明が難しくなる。そこで代数的に数式を用いて ν が定義された。

9-6 数量化の数学

本章では数量化の様々な考え方と，カテゴリーデータの数量化の観点からの解釈を見たが，特に数量化の数式化は理解の上で不可欠であろう。一度数式化すると様々な考え方は本質的に同じ数式に到達することがわかるので小さな数値例 (Nishisato, 1980 a, p.22-27) を借りて数量化の数式化を追ってみよう。表 9.15 は 3 人の教師の評価である。いま評価のカテゴリー「良い，平均，悪い」にそれぞれ重み x_1, x_2, x_3 を与え，これらの重みを使ってデータを示すと表 9.16 のようになる。これをカテゴリーをはずして示すと表 9.17 が得られる。

表 9.15　3 人の教師の評価

教師	良い	平均	悪い	計
A	1	3	6	10
B	3	5	2	10
C	6	3	0	9
計	10	11	8	29

表 9.16　カテゴリーの重みによるデータ

教師	良い	平均	悪い	計
A	x_1	x_2, x_2, x_2	x_3, x_3, x_3 x_3, x_3, x_3	$x_1 + 3x_2 + 6x_3$
B	x_1, x_1, x_1	x_2, x_2, x_2 x_2, x_2	x_3, x_3	$3x_1 + 5x_2 + 2x_3$
C	x_1, x_1, x_1 x_1, x_1, x_1	x_2, x_2, x_2		$6x_1 + 3x_2$
計	$10x_1$	$11x_1$	$8x_3$	$10x_1 + 11x_2 + 8x_3$

表 9.17　重み付けられたデータ

教師	データ	計
A	$x_1, x_2, x_2, x_2, x_3, x_3, x_3, x_3, x_3, x_3$	$x_1+3x_2+6x_3$
B	$x_1, x_1, x_1, x_2, x_2, x_2, x_2, x_2, x_3, x_3$	$3x_1+5x_2+2x_3$
C	$x_1, x_1, x_1, x_1, x_1, x_1, x_2, x_2, x_2$	$6x_1+3x_2$

さて数量化では全平均値を 0 とするので，前節でデータを Z で表した場合の平方和の式は簡略化され次のように書くことができる。

$$SS_t = \sum_k \sum_i (Z_{ki}-\overline{Z})^2 = \sum_k \sum_i Z_{ki}^2 = 全平方和$$

$$SS_b = k\sum_k (\overline{Z}_k-\overline{Z})^2 = \sum_k \frac{(\sum_i Z_{ki})^2}{n_k} = 級間平方和$$

これを我々のデータに当てはめると

$$SS_t = 10x_1^2 + 11x_2^2 + 8x_3^2$$

$$SS_b = \frac{(x_1+3x_2+6x_3)^2}{10} + \frac{(3x_1+5x_2+2x_3)^2}{10} + \frac{(6x_1+3x_2)^2}{9}$$

この両者の比として定義される相関比が最大になるように 3 個の重みを決定するのが数量化の課題である。

　ここで少し横道にそれよう。3 章で簡単ではあるが行列とベクトルの定義，それらの加減算を紹介した。ここでは行列の掛け算，正方行列，対角行列，逆行列，単一行列の定義を紹介し 1 元配置の分散分析に基づく数量化の数式化を追って見よう。行列を使うと全平方和，級間平方和，級内平方和，相関比など簡単に表現できるが，もし数式は難しすぎるというのであれば次の章に進んで欲しい。

　$n \times g$ の行列 A と $h \times m$ の行列 B の積 AB は $n \times m$ の行列 C で，この積は $g=h$ のときのみ次のように定義される。

$$AB = \begin{bmatrix} a_{11} & a_{12} & \cdot & a_{1g} \\ a_{21} & a_{22} & \cdot & a_{2g} \\ \cdot & \cdot & \cdot & \cdot \\ a_{n1} & a_{n2} & \cdot & a_{ng} \end{bmatrix} \begin{bmatrix} b_{11} & b_{12} & \cdot & b_{1m} \\ b_{21} & b_{22} & \cdot & b_{2m} \\ \cdot & \cdot & \cdot & \cdot \\ b_{h1} & b_{h2} & \cdot & b_{hm} \end{bmatrix}$$

$$= \begin{bmatrix} \sum_{j=1}^{t} a_{1j}b_{j1} & \sum_{j=1}^{t} a_{1j}b_{j2} & \cdot & \sum_{j=1}^{t} a_{1j}b_{jm} \\ \sum_{j=1}^{t} a_{2j}b_{j1} & \sum_{j=1}^{t} a_{2j}b_{j2} & \cdot & \sum_{j=1}^{t} a_{2j}b_{jm} \\ \cdot & \cdot & \cdot & \cdot \\ \sum_{j=1}^{t} a_{nj}b_{j1} & \sum_{j=1}^{t} a_{nj}b_{j2} & \cdot & \sum_{j=1}^{t} a_{nj}b_{jm} \end{bmatrix} = C$$

たとえば

$$\begin{bmatrix} 2 & 3 & 4 \\ 5 & 6 & 7 \end{bmatrix} \begin{bmatrix} 1 & 2 & 3 \\ 1 & 2 & 3 \\ 1 & 2 & 3 \end{bmatrix} = \begin{bmatrix} 9 & 18 & 27 \\ 18 & 36 & 54 \end{bmatrix}, \quad \begin{bmatrix} 2 & 3 & 4 \\ 5 & 6 & 7 \end{bmatrix} \begin{bmatrix} 1 \\ 1 \\ 1 \end{bmatrix} = \begin{bmatrix} 9 \\ 18 \end{bmatrix}$$

$$\begin{bmatrix} 2 & 1 \\ 3 & 4 \end{bmatrix} \begin{bmatrix} 1 & 2 \\ 0 & 1 \end{bmatrix} = \begin{bmatrix} 2 & 5 \\ 3 & 10 \end{bmatrix}, \quad \begin{bmatrix} 1 & 2 & 3 \end{bmatrix} \begin{bmatrix} 1 \\ 2 \\ 3 \end{bmatrix} = 14,$$

$$\begin{bmatrix} 2 & 3 & 4 \\ 4 & 1 & 1 \end{bmatrix} \begin{bmatrix} 1 \\ 1 \\ 1 \end{bmatrix} = \begin{bmatrix} 9 \\ 6 \end{bmatrix}$$

行の数,列の数が等しい行列を正方行列,その対角項の要素意外のものがすべて0の場合,それを対角行列,対角行列の対角項すべてが1の場合単位行列という。たとえば次のものは,それぞれ正方行列,対角行列,単位行列である。

$$\begin{bmatrix} 5 & 2 & 1 \\ 2 & 6 & 3 \\ 0 & 3 & 7 \end{bmatrix}, \quad \begin{bmatrix} 3 & 0 & 0 \\ 0 & 2 & 0 \\ 0 & 0 & 8 \end{bmatrix}, \quad \begin{bmatrix} 1 & 0 & 0 \\ 0 & 1 & 0 \\ 0 & 0 & 1 \end{bmatrix}$$

通常対角行列は D,単位行列は I で示す。いま二つの正方行列があった場合,その二つの間に $AB=I$ の関係がある場合,B は A の逆行列であるという。一般に逆行列の計算は難しいが,対角行列の逆行列は簡単に表現できる。たとえば

$$\begin{bmatrix} 5 & 0 & 0 \\ 0 & 4 & 0 \\ 0 & 0 & 2 \end{bmatrix} \text{の逆行列は} \begin{bmatrix} 0.2 & 0 & 0 \\ 0 & 0.25 & 0 \\ 0 & 0 & 0.5 \end{bmatrix} \text{である。}$$

すなわち

$$\begin{bmatrix} d_{11} & 0 & 0 \\ 0 & d_{22} & 0 \\ 0 & 0 & d_{33} \end{bmatrix} の逆行列は \begin{bmatrix} \dfrac{1}{d_{11}} & 0 & 0 \\ 0 & \dfrac{1}{d_{22}} & 0 \\ 0 & 0 & \dfrac{1}{d_{33}} \end{bmatrix} で与えられる。$$

上の二つの行列はそれぞれ $\boldsymbol{D}$, $\boldsymbol{D}^{-1}$ で示されるが，$\boldsymbol{D}^{\frac{1}{2}}$ という表現で次の行列を示すことがある。

$$\begin{bmatrix} \dfrac{1}{\sqrt{d_{11}}} & 0 & 0 \\ 0 & \dfrac{1}{\sqrt{d_{22}}} & 0 \\ 0 & 0 & \dfrac{1}{\sqrt{d_{33}}} \end{bmatrix}$$

行列，ベクトルの行と列を入れ替えたものを転置行列，転置ベクトルとよぶ。行列 $\boldsymbol{A}$ とベクトル $\boldsymbol{a}$ を転置したものは，それぞれ $\boldsymbol{A}'$, $\boldsymbol{a}'$ で示される。いま行列 $\boldsymbol{A}$ とベクトル $\boldsymbol{a}$ を

$$\begin{bmatrix} 1 & 2 & 3 \\ 4 & 5 & 6 \end{bmatrix}, \begin{bmatrix} 1 \\ 2 \\ 3 \end{bmatrix} とすると \boldsymbol{A}', \boldsymbol{a}' はそれぞれ \begin{bmatrix} 1 & 4 \\ 2 & 5 \\ 3 & 6 \end{bmatrix}, \begin{bmatrix} 1 & 2 & 3 \end{bmatrix} と$$

なる。

要素すべてが1のベクトルを単位ベクトルというが，このベクトルは和を計算するときに使われる。たとえば次のような計算である。

$$\begin{bmatrix} 1 & 4 \\ 2 & 5 \\ 3 & 6 \end{bmatrix} \begin{bmatrix} 1 \\ 1 \end{bmatrix} = \begin{bmatrix} 5 \\ 7 \\ 9 \end{bmatrix}, \quad \begin{bmatrix} 1 & 2 & 3 \\ 4 & 5 & 6 \end{bmatrix} \begin{bmatrix} 1 \\ 1 \\ 1 \end{bmatrix} = \begin{bmatrix} 6 \\ 15 \end{bmatrix}, \quad \begin{bmatrix} 1 & 2 & 3 \end{bmatrix} \begin{bmatrix} 1 \\ 1 \\ 1 \end{bmatrix} = 6$$

それでは我々の数値例に戻り，行列とベクトルの表示をしよう。29人が評価した3人の教師の教授法の分割表を $\boldsymbol{F}$ で示すと

$$\boldsymbol{F} = \begin{bmatrix} 1 & 3 & 6 \\ 3 & 5 & 2 \\ 6 & 3 & 0 \end{bmatrix}, 行と列の重みのベクトルはそれぞれ \boldsymbol{y} = \begin{bmatrix} y_1 \\ y_2 \\ y_3 \end{bmatrix}, \boldsymbol{x} = \begin{bmatrix} x_1 \\ x_2 \\ x_3 \end{bmatrix}$$

行和のベクトル $\boldsymbol{f}$，列和のベクトル $\boldsymbol{g}$，行和の対角行列 $\boldsymbol{D}_n$，列和の対角行列 $\boldsymbol{D}_m$ はそれぞれ次の通りである。

$$\boldsymbol{f} = \begin{bmatrix} 10 \\ 10 \\ 9 \end{bmatrix}, \boldsymbol{g} = \begin{bmatrix} 10 \\ 11 \\ 8 \end{bmatrix}, \boldsymbol{D}_n = \begin{bmatrix} 10 & 0 & 0 \\ 0 & 10 & 0 \\ 0 & 0 & 9 \end{bmatrix}, \boldsymbol{D}_m = \begin{bmatrix} 10 & 0 & 0 \\ 0 & 11 & 0 \\ 0 & 0 & 8 \end{bmatrix},$$

9-6 数量化の数学

総和は $f_t = 29$。

重みづけられたデータの和が 0 ということは

$$10y_1 + 10y_2 + 9y_3 = \boldsymbol{y}'\boldsymbol{f} = 0, \quad 同様に \boldsymbol{x}'\boldsymbol{g} = 0$$

この条件下で列の重みによるデータを考えると

$$SS_t = 10x_1^2 + 11x_2^2 + 8x_3^2 = \boldsymbol{x}'\boldsymbol{D}_m\boldsymbol{x}$$

$$SS_b = \frac{(x_1 + 3x_2 + 6x_3)^2}{10} + \frac{(3x_1 + 5x_2 + 2x_3)^2}{10} + \frac{(6x_1 + 3x_2)^2}{9}$$

$$= \boldsymbol{x}'\boldsymbol{F}'\boldsymbol{D}_n^{-1}\boldsymbol{F}\boldsymbol{x}$$

$$SS_w = SS_t - SS_b = \boldsymbol{x}'\boldsymbol{D}_m\boldsymbol{x} - \boldsymbol{x}'\boldsymbol{F}'\boldsymbol{D}_n^{-1}\boldsymbol{F}\boldsymbol{x} = \boldsymbol{x}'(\boldsymbol{D}_m - \boldsymbol{F}'\boldsymbol{D}_n^{-1}\boldsymbol{F})\boldsymbol{x}$$

したがって総平方和の分解 $SS_t = SS_b + SS_w$ は行列で次のように示される。

$$\boldsymbol{x}'\boldsymbol{D}_m\boldsymbol{x} = \boldsymbol{x}'\boldsymbol{F}'\boldsymbol{D}_n^{-1}\boldsymbol{F}\boldsymbol{x} + \boldsymbol{x}'[\boldsymbol{D}_m - \boldsymbol{F}'\boldsymbol{D}_n^{-1}\boldsymbol{F}]\boldsymbol{x}$$

したがって相関比 η^2 は SS_b/SS_t で $\boldsymbol{x}$ の関数として表現できるので相関比を最大にする $\boldsymbol{x}$ を求めればよい。この過程は重みづけられたデータの和が 0 であるという拘束条件のもとに 2 次形式の最大値を求める問題で、通常ラグランジュの未定係数法によって解かれる問題で、詳しいことは西里(Nishisato, 1980 a)を参照してほしい。ここでは最終的には次の汎化固有方程式を解く問題になることを述べるにとどめたい。

$$(\boldsymbol{F}'\boldsymbol{D}_n^{-1}\boldsymbol{F}\boldsymbol{x} - \eta^2\boldsymbol{D}_m)\boldsymbol{x} = \boldsymbol{0}$$

以上の過程は行の重み $\boldsymbol{y}$ を決める問題とした場合も全く同一の方法で次式に達する。

$$(\boldsymbol{F}\boldsymbol{D}_m^{-1}\boldsymbol{F}'\boldsymbol{y} - \eta^2\boldsymbol{D}_n)\boldsymbol{y} = \boldsymbol{0}$$

本書では相関比が上の式の固有値であることを述べた。また η^2 と ρ^2 を等値なものとして用いてきた。そしてその平方根は特異値とよばれること、それが行と列に重みを与えて最大化した相関係数であることも述べた。さらに重要なことは $\boldsymbol{y}$ と $\boldsymbol{x}$ の間の「双対の関係」はどの成分に関しても成り立つことである。つまり

$$\rho_k \boldsymbol{y}_k = \boldsymbol{D}_n^{-1}\boldsymbol{F}\boldsymbol{x}_k, \qquad \rho_k \boldsymbol{x}_k = \boldsymbol{D}_m^{-1}\boldsymbol{F}'\boldsymbol{y}_k$$

強制分類法の解析を数学的に見ると、k の値が無限大になった場合は、基準変数以外の項目表 $\boldsymbol{F}$ を、基準変数の選択肢が布置する空間に射影($\boldsymbol{P}$)して、その下位空間 $\boldsymbol{PF}$ で数量化することであり、その基準変数と関わりのない解というのは、それに直交する補空間 $(\boldsymbol{I}-\boldsymbol{P})\boldsymbol{F}$ で数量化することに等しい。また、前者の基準変数との相関を最大にする強制分類法の解というのは、基準変数の選択肢×他の項目の選択肢という分割表の双対尺度法にも等しい。しかし

この場合，$(I-P)F$ の双対尺度法に対応する解は出てこない。

　ここには数量化の数学のごく一部を述べたに過ぎないが，いったん数式を行列で記述すると，他の多変量解析との関係が明らかになる。そしてデータがカテゴリーデータであれ，連続量のデータであれ，解析の底流にある考えはあまり変わらないことがわかる。

　数学を使うことは物事を正確に記述するということで，一方では記述が簡潔になり理解を助けてくれる。しかし他方では数の魔術につられて落とし穴に直面する危険もある。その教訓としてシン (Singh, 1997) が記述した落とし穴を紹介しよう。それを見て我々が数を使うにあたっては常に注意しなくてはならないという戒めとしよう。

　いま $a=b$ とする。両辺に a をかけると $a^2=ab$，次に両辺に a^2-2ab を加えると，左辺は

$$a^2+(a^2-2ab)=2a^2-2ab=2(a^2-ab)$$

となる。右辺は

$$ab+(a^2-2ab)=a^2-ab$$

これから

$$2(a^2-ab)=a^2-ab$$

が得られ，次いで得られるのが

$$2=1$$

この展開は一見正しいように見えるが，実は大きな誤りがある。最後のところで両辺を 0 で割ったことである。数式を導く時には注意しなくてはならない。

10章

数量化の歴史と追想

10-0 はじめに

　行動科学のデータを考えるとき，適当な解析法は多くの場合，数量化である。数量化の方法はデータの種類によって違いはあるが，それらの底流には共通の概念がある。それはデータへの線形回帰で，これが比率測度以外のデータを説明するにはもっとも適した測度を求める方法である。これまで9章にわたって記述してきた数量化の幾多の側面に，その歴史と個人的な回想を添えてまとめとしたい。

10-1 黎明期

　数量化の参考書の題名が『多変量記述解析』(Gifi, 1990)，『多次元非線形記述解析』(Nishisato, 2007 a)であるように数量化というのは多次元解析，非線形解析，記述統計的解析といわれる多変量解析の一つである。17, 18, 19世紀の代数的固有値理論，行列，行列式，射影幾何学などの影響は数量化の発展のエネルギー源の役割を果たした。19世紀後半には数値解析的な可能性を示すベルトラミ(Beltrami, 1873)とジョーダン(Jordan, 1874)[*1)]の論文がでた。これらはデータ解析の観点から画期的なもので，今日の多変量解析の大きな背景としての固有値分解，特異値分解の原典である。20世紀初頭に発表されたピアソン(Pearson, 1901)の論文は後のホテリング(Hotelling, 1933)の主成分分析の原典となり多次元データを小次元に射影しようという考えをデータ解析に導入した。さらに連続，離散変数の直交分解を説いた数学者シュミット(Schmidt, 1907)の文献が出た。
　このようにデータ解析の技術が純粋な数学の論文から応用できる技術へと

徐々に発展，20世紀初頭の数量化研究の黎明期を迎えた。生態学，統計学，心理学，教育学，社会学における2元データの記述的解析，因子分析，心理テスト理論，変量の尺度化を目的とするスケーリングが誕生した。

1935年には社会科学で直面する測定問題に関心を持った研究者の集まりとして計量心理学会（Psychometric Society）が発足，その学会誌「サイコメトリカ」（Psychometrika）第1号が1936年に発刊された。その第1号にはベルトラミ（1873），ジョーダン（1874）の数学的解析法を一般化した「エッカートとヤングの定理」（Eckart & Young, 1936）が発表され，第3号には，スケーリングでユークリッド空間にメトリックを導入するときの理論的基礎を与えてくれる「ヤング-ハウスホールダーの定理」（Young & Householder, 1938）が発表された。これらの論文により多変量解析が行動科学の研究者には身近なものとなり，数量化の研究発展の一端をになった。

その頃，ピアソン（Pearson, 1901）の数式化を固有値問題として延長したホテリング（Hotelling, 1933）の主成分分析（principal component analysis）が出た。ノースカロライナ大学にはホテリング[*2]のいた統計学部，計量心理学会の初代の会長で因子分析，スケーリングで有名なサーストン（L. L. Thurstone）が創立した計量心理学研究所（Psychometric Laboratory）[*3]があった。主成分分析，因子分析の双璧を要した当時のノースカロライナ大学はデータ解析のひとつのメッカであった。

この黎明期にも数量化の研究は多くの専門領域と多くの国の研究者の注目を集めた。今日ほど国際化の普及のなかった時代の特徴を反映して同じ方法が全く独立に，しかも異なった名前の下に開発されてきたという独特の歴史を展開した。

10-2 さまざまな研究グループ

大雑把な発展過程を見るために，発展にかかわったグループを年代順に見ていこう。

追想1　文献と心遣い

1996年の計量心理学会で，筆者が"Gleaning in the field of dual scaling"という演題で会長演説をしたとき，オルキン(I. Olkin)，高根(Y. Takane)の両氏がイタリア語のベルトラミ(1872)，フランス語のジョーダン(1873)の文献の存在を教えてくれた。いつも原著を読めと学生に言ってきた筆者にとって，著名な二人が，これらの参考文献を講演の後に知らせてくれた心遣いを肝に銘じた。

追想2　ホテリング(Harold Hotelling)

筆者は学生時代(1961-1965)をノースカロライナ大学の町チャペルヒルで過ごした。ある日，そのキャンパスで，一人の少年の自転車に衝突，彼の自転車，自分の自転車はともに大破。少年の父に謝りに行った。その父が有名なホテリングであった。彼の講義をとったとき「もし後から推薦書を書いてくれと頼まないと約束するのであったらとっても良い」とのこと。当時，彼は大学一の高給取りとの噂があり，主成分分析，正準相関などの開発者としても統計学の第一人者であったが，講義はそこそこの面白さで落胆した。1965年の彼の最終講義は多変量解析の歴史についてであり，その話は流暢で素晴しかった。筆者は計量心理学研究所にいたが，統計学部と心理学部は我々学生にとっていつも門戸が開かれた理想の学びやであった。

追想3　昔の計量心理学研究所

筆者が学生として到着したのが1961年の9月，所長はジョーンズ(L. V. Jones)，その下にボック(R. D. Bock)，ウッド(D. Adkins Wood)，シュフォード(E. H. Shuford)，サーストン夫人(T. G. Thurstone)，などがおり，1965年に離れるまでに，客員教授として，戸田正直，カイザー(H. F. Kaiser)，エックマン(G. Ekman)などがいた。当時，ここの学生は専攻が計量心理学，副専攻として統計学，数学，バイオメトリックスの一つを選ぶのが習いであった。学生，研究者としてこの研究所に滞在した人々には中原淳一，大田英昭，鮫島文子，上笹恒，高根芳雄などがいた。

(1) 生態学における数量化

> **問題例** 植物の繁殖図と多種類の動物の生息地図の関係を小次元空間で簡潔に説明せよ。それを捉えるには植物間の距離，動物間の距離をどのように調整して配置すると両者の関係が簡潔に理解できるか？

これまでデルーウゥ(de Leeuw, 1973, 1983)，西里(西里, 1975, Nishisato, 1980 a, 1994)，ベンゼクリ(Benzécri, 1982)，グリーンネーカー(Greenacre, 1984)，フィフィ(Gifi, 1990)などで数量化の歴史が記されたが，20世紀の初頭から活動のあった生態学者の貢献が見当たらない。彼らの貢献は最近ようやく取り上げられた(Nishisato, 2007 a)。

生態学，生物学，環境学で研究者が数量化に目を向けたのは20世紀の初め，それが開花したのは1920年代で交互平均法に類似の方法が開発されている。この方面の第一人者ウィタカー(Whittaker, 1967)は勾配法(gradient analysis)の創始者はロシア人のラメンスキー(Ramensky, 1930)であるといい，ガウチ(Gauch, 1982)はラメンスキーとガウス(Gause, 1930)をあげ，このような考え方は20世紀の初頭からあったという。このグループの特徴は始めから国際色が豊かで，アメリカのグリーソン(Gleason, 1926)，フランスのレノブル(Lenoble, 1927)，ロシアのラメンスキー，ドイツのエレンベルグ(Ellenberg, 1948)など，彼らの参考文献を見ても国際交流が見られる。もう一つ生態学，生物学で独特なことは応用のために数量化が研究され，応用の報告が圧倒的に多い。ガウチ(Gauch, 1982)は勾配法とその応用の本を英語で出版したが，他の領域ではそれがあまり参考書として挙げられていない。しかしガウチ自身は1982年の本で，他の領域のサーストンとチェイヴ(Thurstone & Chave, 1929)，リチャードソンとクーダー(Richardson & Kuder, 1933)，ハーシフェルト(Hirschfeld, 1935)，ホースト(Horst, 1935)，フィッシャー(Fisher, 1940)，ベンゼクリ(Benzécri, 1969)，ヒル(Hill, 1973, 1974)，西里(Nishisato, 1980)などを参考文献として紹介している。生態学者は他の領域の数量化の研究を知っていたが，他の領域の研究者は生態学者の研究を知らなかったということであろうか。

生態学関係からの関連文献数は，今日に至るまで次々と増加し，研究者の数も増え国際的な普及と発展を遂げている。ヒル，テァブラーァク(Ter Braak, 1986, 1987, 1988)などは，生態学のみならずそれ以外の領域の数量化にも貢献している。

（2） 社会科学における数量化

> **問題例**　5政党の候補者5人に対する6地区の住民の各候補者の支持数がこのたびの選挙で得られた。6地区の政党支持のパタンを簡潔に説明せよ。それを捉えるために多次元空間に5人の候補者と6地区の座標をもっとも両者の関係がはっきり見えるように示せ。

　社会科学では長い間，数量化の起源はリチャードソンとクーダー(Richardson & Kuder, 1933)の論文であると考えられてきた。二人は「クーダー-リチャードソン信頼係数」の創始者として広く知られてきたが，数量化への貢献も重要で多肢選択データの解析法としてホースト(Horst, 1935)命名による交互平均法を提唱した。これと同じころエジャートンとコービ(Edgerton & Kolbe, 1936)は最小2乗の目的関数を用いて同じ得点法を出している。

　本書で批判の対象となったリッカート方式の得点法(Likert, 1932)と同じ頃に交互平均法が提唱されたことは興味深い。多くの方法論的問題を内包するリッカートの方法が今日多くの研究者に受け入れられ常套手段として用いられているのに対して，最適なリチャードソンとクーダーの方法が一般の研究ではあまり使われていない現実をどう考えたらよいのか。ホースト[*4]命名による交互平均法は1933年ころ大会社プロクターギャンブルでデータ解析に使われていたり，IBMのカードソーティング機で処理できるような交互平均法をモシアー(Mosier, 1946)が発表し交互平均法の数々の利点をアピールしている。それなのになぜリッカート法が好まれるのであろうか。

> ### 追想4　ポール　ホースト(Paul Horst)
>
> 　晩年よく夫婦で計量心理学会に出てこられた。プロクターギャンブルで交互平均法が使われていたこと，交互平均法の生みの親といわれたリチャードソン(Marion Richardson)の話を良く聞いた。そのホーストが，ある日手紙をくれた。計量心理学会のデレーウゥ(Jan de Leeuw)，マクドナルド(Roderick McDonald)，高根芳雄，西里静彦に宛てたもので，次の質問に答えてほしい，といって行列に関した証明問題をたくさん送ってきた。晩年彼は「皆の発表は高度で自分にはわからない」という前置きで論文を発表していたが，決して衰えを見せない筆者の尊敬する学者であり，皆から愛された計量心理学会の長老であった。

ガットマン(Guttman, 1941)*5)は数学的に数量化の最適法を3つの観点から導きだした。これは素晴らしい論文でガットマンが数量化の創始者とまで考えられたゆえんである。漸近的な交互平均法に対してガットマンの方法は数学的解法である。ガットマン(Guttman, 1946)はその考えを一対比較データ，順位データにまで拡張している。これも彼の特筆すべき業績ではあるが，彼の数量化は順位データを比率測度のように取り扱って最小2乗法で解を求めたため批判を受けた。西里(1994, 1996)はその結果をクームスの多次元展開法のモデルで評価する方法と特殊なグラフ法を提唱，それによりドミナンスデータの数量化が順位データの解析法として一歩進展した。

(3) 統計学における数量化

> **問題例** 囚人が，罪により，放火，誘拐，殺人，窃盗のグループに分類され，かつ家庭環境を示す5変数に関するデータが得られた。5変数のデータから犯罪のグループを最大の精度で予測するにはどうすれば良いか？

ハーシフェルト*6)(Hirschfeld, 1935)は分割表が与えられたときに「行に重みを与えて列への回帰が直線になるように，同時に列に重みを与えて行への回帰が直線になるようにすることが可能であろうか？」という問題を解き，解は常にあることを示した。これは，後にリンゴーズ(Lingoes, 1964)が「同時線形回帰法」という名を出しているが，まさに同時線形回帰である。有名な統計学者フィッシャー(Fisher, 1940)は目の色と髪の毛の色からなる分割表をみて目の色にどのような重みを与えて髪の毛の色を計算すると髪の毛の判別度が最大になるか，そして髪の毛の色にどのような重みを与えて目の色を計算すると目の色の判別度が最大になるか，というカテゴリーデータの判別解析法，分割表の数量化を論じている。マウング(Maung, 1941)はフィッシャーの得点法という名の下に分割表の数量化を3つの観点から導き出し，それがすべて同じ結果になることを示した。その一つは分割表を反応パターン表に書き換え正準相関を求めるもので，これは今日ケンドル，スチュアートの正準相関(Kendall & Stuart, 1961)とよばれているが，マウングが1941年に数式化している。マウングの論文はガットマンの論文と同年に出ており，ガットマンの論文と共に必読の文献である。フィッシャー(Fisher, 1946)は血清のデータが，＋＋, ＋, ？, －, －－のような記号だけで与えられたとき，それをいかにして分散分析で解析するかという問題に面した。そのときフィッシャーは加算得

点法 (additive scoring)，適切得点法 (appropriate scoring) という名のもとに得点法を提唱した。これは分散分析の模型が当てはまるように血清のカテゴリーに数値を与える数量化の課題である。

追想 5　ガットマン (Louis Guttman)

彼に初めてあったのは 1964 年ノースカロライナのデューク大学で彼が講演をしたときである。専門の関係で彼とは国際学会でしばしば顔を合わせた。トロントに彼を 1 週間招いたとき，ガットマンの話に当時学生だった多次元尺度法で著名なスペンス (Ian Spence) がそれは誤りではないかと言うと，説明もせず「君のいう逆が正しい (the converse is true)」と言って，スペンスを怒らせた。フランスで 400 人を上回るベンゼクリ派の研究者の前で筆者がその前に発表したフランスでの研究はトロントで 10 年前に発表されていると発言したとき，ガットマンは「よくやった (You made my day!)」と喜んでくれた。筆者が学生をガットマンのところに就職のため送ったとき，ガットマンが「トロントで西里に習ったことは全て忘れ，ここでは一から勉強をするように」と言っていたと学生ダリアラッハマン (Dalia Rachman) が報告してくれた。ガットマンの厳しい弁舌，卓越した明晰さには今でも頭が上がらない。

追想 6　ハーシフェルト (H. O. Hirschfeld)

筆者がノースカロライナ大学大学院在学のころまだコンピューターといってもメモリー 3 K の LGP 30 があったくらいで，統計学の数表はピアソン (E. Pearson) とハートレイ (H. O. Hartley) の "Biometrika Tables for Statisticians" を使っていた。「H. O. Hirschfeld」は後に名前を「H. O. Hartley」に変えて活躍し，上記の数表で統計学の外の者にも知られた有名な統計学者である。筆者は彼がウィスコンシン大学で開かれた学会での発表時に「私が見えるかどうかは聞かないが私の声は聞こえるか」と，とてつもない大きな声で聞いて聴衆を笑わせたのを覚えている。彼は小柄で筆者の席からは髪の薄くなった彼の頭のてっ辺だけしか見えなかった。

（4） 林の数量化理論

林*7)（Hayashi, 1950, 1952）の英語の論文が世界の研究者の注目を集めた。初めの論文にはガットマンの論文が参考文献に含まれているが，それは林の数量理論の一つのタイプに関するもので林の数量化理論はもっと広い観点から徐々に総合的なものに発展した。その理論が出た頃の事情に関しては森本（1997a, b, 1999）の論文を参照にしてほしい。林の数量化理論は系統的に解析の目的，データのタイプなどで組み分けされ，それまでにはない総合的な方法論でデータ解析の歴史にユニークな貢献をしている。

日本での画期的な研究は林のリーダーシップのもとに統計数理研究所だけに限らず，全国的に広がった。多くの専門書の著者をはじめ，海外にも聞こえた日本の数量化の研究者は少なくとも 50 人をくだらない。これはたいへんな数である。晩年総合的な視野に立った理論を推進した林は，「データサイエンス」という言葉でデータ解析の精神を説いている。これも彼の大きな貢献の一つである。

追想 7　林 知己夫先生

1988 年ローマでの多分割表データ解析（multiway data analysis）の国際学会でホテルが林先生と同じ。学会前に筆者は 2008 年 1 月に他界した異オハーシマン（R. Harshman）とカタコーム（地下の墓地）を見に行ったバスでスリに会い，有り金を喪失。それ以来毎回のように林先生が食事によんでくれた。学会が終わり林先生がローマの空港までタクシーで送ってくださり無事トロントに戻った。今とは異なり，当時異国で金を失うことは致命的であった。林先生のおかげで毎日の講義拝聴というボーナスがつき，先生への恩は一生忘れられない。晩年，データ解析を一段挙げてデータの理解を助ける「データサイエンス」を提唱，ガットマンが数量化から晩年ファセット理論（facet theory）を提唱したのに類似点がある。まさに"The great minds think alike"という格言そのものである。2000 年バンフの国際会議に林先生を招き特別講演をしていただいたが，それがお会いした最後となった。林先生も筆者も 2002 年甲子園大学で開かれた行動計量学会で講演の予定であったが，ニューヨークで起こった 9.11 テロ事件の影響で再会が実現しなかった。

(5) ノースカロライナ大学(アメリカ)の研究グループ

ボック[*8)](Bock, 1956)が数量化の応用を計量心理学会の機関誌サイコメトリカ(Psychometrika)に発表、1960年には最適尺度法(optimal scaling)という魅力的な名前のもとに、その方法をアメリカ心理学会で宣伝すべく講演した。その内容はノースカロライナ大学計量心理学研究所の紀要として出たが、かなりの部数が世界各地の研究者の手元に渡った。著者がノースカロライナ大学に留学した1961年最適尺度法はボックの講義にも取り入れられ、計量心理学専攻の学生の間ではなじみの深い方法であった。1965年、ボックはシカゴ大学に転任、その半年後筆者はカナダのマッギル大学に就職、1年半後トロント大学に移った。この後しばらくして、のちに会長として計量心理学会を立ち上げたヤング(F. W. Young)、デレーウゥ(J. de Leeuw)、高根(Y. Takane)の3人がこの研究所に集まったとき、数量化の研究を大飛躍させる論文を1970年半ばころから続けて発表した(de Leeuw, Young & Takane, 1976; Takane, Young & de Leeuw, 1980; Young, de Leeuw & Takane, 1976, 1978)。さらに年を経てマーケティングの方面でペロールトとヤング(Perreault & Young, 1980)、テネンアウスとヤング(Tenenhaus & Young, 1985)、ホフマンとフランク(Hoffman & Franke, 1986)などの優れた論文が出ている。高根はマッギル大学に就職後も素晴らしい研究を続けると共に、若い優秀な研究者を育てている。

追想8　恩師ボック(R. D. Bock)

黙々と黒板に向かって書く講義の内容は難しく、雲上の人で冗談も言わない。それが筆者の論文のテーマが決まると即座に関連の学会に出席の費用を出して派遣してくれた。1965年9月彼がシカゴ大学へ転任の直前に筆者の論文審査の口述試験が4人の心理学科の教授、2人の数学科の教授が試験官で開かれた。数学の教授一人がもっと詳しい数式の展開が必要だと強く主張。テーマは線形対数模型(1)、クラスター解析(2)、情報理論(3)を織り交ぜたクラスター解析で、(1)と(2)は当時まだあまり注目を集める領域ではなかった。口述試験のその危機に意外にも指導教官のボック教授が筆者の弁護に熱弁を振るってくれた。普段は見せない彼の姿がそこにあった。後年アメリカ心理学会がトロントで開催されたとき、彼の特別講演を筆者が司会、筆者の特別講演を彼が司会、そのあとお互いの健在を祝った。偉大な恩師である。

（6） ベンゼクリとフランス学派

ベンゼクリ[*9)]はフランスの統計学会に独特な流れを作った。1960年代の初めころから研究が始まり彼の弟子エスコーフィエ-コルディエ（Escofier-Cordier, 1969）が 'analyse des correspondances'（コレスポンデンスアナリシス）という言葉で論文を書いている。これが筆者が始めて目にしたものであるが，ベンゼクリはこのトピックに関して大学で徹底的な講義をしていたものと考えられる。フランスでは，分割表の解析を，analyse des correspondances（correspondence analysis），多肢選択データの分析を，analyse des correspondances multiples（multiple correspondence analysis）とよんでいる。ベンゼクリはこれらの数量化の研究を主に記載する専門の学会誌も発刊した。*Cahier des analyse de donnés* というもので多数の論文が掲載され数量化の領域への貢献は絶大であったが，これは残念ながら1989年に廃刊になった。彼の教え子の数は計り知れない。多数の有名な研究者が輩出した。

（7） ライデン大学（オランダ）の研究グループ

20世紀の計量心理学の歴史の中で成功物語がライデン大学の心理学，教育心理学であろう。その成功が数量化の領域で作られた。数学，統計学に関心を持った若い研究者が数量化に関心を持ち，研究に研究を重ね，同質性解析（homogeniety analysis）の名前で第一線に飛び出した。短期間の間に世界の計量心理学をリードするまでにいたった。若手の研究者，学生の英語による論文はライデン大学のDSWO出版会から，直ちに本として世界の研究者の下に届いた。それらすべてが数量化に関係した図書でライデンは数量化のメッカとなった。さらに同質性解析の集大成として出したフィフィ（Gifi, 1991）は何人も

追想9　ベンゼクリ（J. P. Benzécri）

1984年パリの大学にある彼の研究室を訪れた。長いあご鬚をはやし，温厚な目つきは，僧侶の感じで，この人が，フランスの統計学会に新しい流れを作った人かと目を見張った。1980年出版の拙著を事前に届けてあったが，「有難う」だけで本に関してのコメントは一切なかった。今考えると，微分幾何学を専攻した彼には筆者の拙著は何ら訴えるところがなかったのであろう。フランスで研究者と話していると「それはベンゼクリの講義に出てきた」ということを何度も聞いた。学派を築いた学者である。

の共同執筆による力作で，その著者として昔ライデン大学に実在した「Albert Gifi」の名前を借りて出版したというのも，いかにもオランダ的で面白い。

(8) トロント大学(カナダ)の研究グループ

これはトロント大学に属するオンタリオ教育研究所(大学院大学)の応用コンピューター測定評価学部のグループである。因子分析のマクドナルド(R. P. McDonald)，心理教育テスト理論のトラウブ(R. E. Traub)，統計学のバルガヴァ(R. P. Bhargava)，スケーリングの西里(S. Nishisato)で始まった。数量化の問題は主にマクドナルドと西里が取り上げた。抜群の才能を持つマクドナルドは計量心理学一般にわたる研究が主となり，その一部で数量化を扱った。西里は数量化だけに研究を絞り，その焦点は多くのカテゴリーデータの数量化で，その後のトロントグループを導いた。西里はボック(Bock)が採用した最適尺度法という名を使っていたが1980年新しい名前「双対尺度法」[*10](dual scaling)の名の下に分割表，多肢選択データ，順位データ，一対比較データ，継次カテゴリーデータを対象にした数量化の本を出版，続いて強制分類法を提唱した。西里の共同研究者はおおむね彼の指導で双対尺度法に関した論文を書いた学生で，犬飼幸男，山内弘継，シュウ(W. Sheu)，アーン(H. Ahn)，ローレンス(D. R. Lawrence)，ミローネス(O. Millones)，デイ(D. Day)，ジェサロリ(M. Gessaroli)，ハルパイン(S. Halpine)，プーン(W. P. Poon)，チャン(D. Chan)，サックス(J. Sachs)，マイェンガ(C. Mayenga)，オドンディ(M. Odondi)，ヘムズワース(D. Hemsworth)，シュー(L. Xu)，ハウレイ(T. P. Howley)，ギブソン(L. L. Gibson)，ソマー(G. R. Somer)，スィープリ(A. Cieply)，グプタ(R. Gupta)，ローエン(E. R. Loewen)，エウアンズゥイ(K.

追想10　双対尺度法(dual scaling)

1976年，ヤング(F. W. Young，アメリカ)が計量心理学会でシンポジウム「最適尺度法」を企画，講演者はデ ルーウ(オランダ)，サポルタ(G. Saporta，フランス)，西里(カナダ)，デスカッサントがクラスカル(J. B. Kruskal，アメリカ)。討論でジネス(J. Zinnes，アメリカ)が「最適尺度法」という多義の名前に異議を唱えた。その時，西里が数量化の基底にある双対性の原理に注目，双対尺度法という名前を提唱，1980年出版の本の題名として公表した。

B. Eouanzoui)などである．そのほかにもガウル(W. Gaul)，山田文康，馬場康維，クラヴェル(J. G. Clavel)などとの共同研究が出ている．

(9) ロッチェスター大学(アメリカ)に始まった研究グループ

フランスの研究者がグラフの利用に力を注いだが，数量化をグラフ法として出したのがガブリエル(Gabriel, 1971, 1981, 2002)を中心にしたロッチェスター大学の統計学者で，その名前をバイプロット(双観図)と名づけた．ガブリエル，ブラドウ(Bradu & Gabriel, 1978)，オドロフ(Gabriel & Odoroff, 1990)などロッチェスター組に始まり，ヨーロッパ組のアイチソン(Aitchson & Greenacre, 2002)，カーリエー(Carlier & Kroonenberg, 1995, 1996)，コックス(Cox & Gabriel, 1982)，ガウアー(Gower, 1990, 1992)，グリーネーカー(Greenacre, 1993 b)，ハンド(Gower & Hand, 1996)，ハーディング(Gower & Harding, 1988)，イスラエルス(Israëls, 1987)，クルーネンバーグ(P. M. Kroonenberg)，アンダーヒル(Underhill, 1990)など，アジア組のハンとハー(Han & Huh, 1995)など輩出している．多変量解析では偉大な貢献をしたイギリスのガウアー[11]はさらにその方法を展開，そして非線形双観図へ拡張し(Gower & Harding, 1988)，ガウアーとハンドの素晴らしい本「双観図」(Gower & Hand, 1996)を出版している．

追想11　ガウアー(John C. Gower)

筆者が定年退職のおり，統計数理研究所の馬場康維教授とカナダのバンフで2000年に国際会議を開き，林知己夫，ガウアー，ハンドを特別講演者として招いた．ガウアーとは，長年の付き合いで，すでに退官していた彼が講演のとき"Life exists after retirement"(退職後も生活は続く)という励ましの言葉をくれた．統計学で偉大な業績を持つ彼とは，学会でよく隣合わせで座ったが，論文の数式の横に鉛筆書きのノートがたくさんあり，それを見せてくれるが，雲をつかむようで何の見当もつかない．彼とは別の世界にいることを痛感させられた．ガウアー，斉藤尭幸，ファン デァ ハイデン(P. van der Heijden)，ファン デァ ブルグ(E. van der Burg)の諸氏と，ブルガリアが未だ共産圏であった頃，ズドラフコフ(V. Zudravkov)に招かれ講演をした．カナダのベン ジョンソン(Ben Johnson)がオリンピックの100メートルで第1位になったのを，皆でソフィア空港のテレビで見た．その後，彼は薬物使用により金メダルを失った．

(10) 対数線形解析の研究グループ

分割表が与えられたとき，本書で記述された数量化のように，その度数を直接分解の対象にする相関模型(correlation model)に対して，度数の対数変換値を分解の対象にする連関模型(association model)が1960年代に台頭した。連関模型では，度数 f_{jk} の対数変換値に分散分析の模型を考え，様々な仮説の下に統計学的解析を試みる。主な参考文献を巻末に挙げておこう(Daudin & Trescourt, 1980 ; Lauro & Decarli, 1982 ; Fienberg & Myer, 1983 ; Lauro & D'Ambra, 1984 ; van der Heijden & de Leeuw, 1985 ; Leclerc, Chevalier, Luce & Blanc, 1985 ; Goodman, 1985 a, 1985 b, 1986, 1991 ; Escoufier & Junca, 1986 ; Giula & Haberman, 1986 ; Tsujitani, 1987, 1988 a, 1988 b ; Choulakian, 1988 ; van der Heijden, de Falguerolles & de Leeuw, 1989 ; Whittaker, 1989 ; Gilula & Ritov, 1990)。

連関模型，偏最適尺度法，相関模型の三つのアプローチを比較したミローネス(Millones, 1991)の博士論文は一読の価値がある。彼は連関模型と相関模型の中間の形として偏最適尺度法(partially optimal scaling : Inukai, 1972 ; Nishisato & Inukai, 1972)を位置づけ，これら三手法の比較を手際よく解説している。

(11) 非対称行列の数量化研究グループ

行と列に同じ変数がおかれても，非対称の内容を持つデータがある。行に「トヨタ，日産，三菱，GM，フォード」が並び，同じ会社が列にも並んでいるが，行の方は，最初に買った車の会社，列は，2回目に買った車の会社を示すというようなデータである。このようなデータの数量化はフランスのエスクーフィエとグロルー(Escoufier & Grorud, 1980)，イタリアのラウロとダンブラ(Lauro & D'Ambra, 1984)に続き数々と論文が続いた。本書では検討されていないので参考文献を巻末に挙げる(Goodman, 1985 b ; Lauro & Siciliano, 1988 ; D'Ambra & Lauro, 1989, 1991 ; Siciliano, Mooijaart & van der Heijden, 1990 ; Kroonenberg & Lombardo, 1998, 1999 ; Greenacre, 2000 ; D'Ambra, Lombardo & Amenta, 2002 ; Kroonenberg, 2002 ; D'Ambra, Beh & Amenta, 2005)。

(12) 岡山大学を中心とした感度解析研究のグループ

国際的に著名な岡山大学の田中豊，垂水共之の両教授が中心に展開された数

量化の結果の安定性を追求したものである．田中(Tanaka, 1978)が，数量化の結果の漸近的理論を発表，数量化のための感度解析の枠組みを作った．このトピックも本書では取り上げなかったので参考文献を挙げておく(Tanaka & Kodake, 1980；Tanaka, 1983, 1984 a, b, 1992；Tanaka & Tarumi, 1985, 1988 a, b, c；Tarumi, 1986；Tarumi & Tanaka；1986；Huh, 1989)．

(13) 個人の貢献者

以上は，いわばグループの活動ともいえるものであるが，このほかに数え切れないほどの個人の貢献者が出た．初期の頃には，生態学，心理学，統計学など先に述べた研究者の他に，ウィルクス(Wilks, 1938)，ジョンソン(Johnson, 1950)，バートレット(Bartlett, 1947)，ウイリアムス(Williams, 1952)，ランカスター(Lancaster, 1953, 1958)，ロード(Lord, 1958)，トーガソン(Torgerson, 1958)，ウィタカー(Whittaker, 1948, 1966, 1967, 1978 a, b)，カーティス(Curtis, 1959)，マッキントッシュ(McIntosh, 1951, カーティスと共著)，ロウ(Rowe, 1956)，ロックス(Loucks, 1962)，ヒル(Hill, 1973, 1974)，ガウチとウエントワース(Gauch & Wentworth, 1976)などが1970年半ばまでに英語圏で発表されている．そのころ日本でも吉沢(1975, 1976)をはじめ，紙面では書きつくせない数の国際的に活躍した研究者が出た．筆者は2007年の本に数量化に貢献した研究者の名前を記して貢献をたたえようと試みたが，研究者の名前の表を作り始めて，まもなくその数が3千を超えたのでその試みを中断した．世界に亘る多くの知名な研究者の研究に触れることができないことをお詫びしたい．

10-3 数量化に関する本の出版

数量化の歴史で生態学以外では国際化，学際化に言語の壁があった．日本語圏，フランス語圏，英語圏でいち早く本の出版が見られたのはフランス語圏と日本語圏である．

日本語では林，樋口，駒沢(1970)，竹内，柳井(1972)，駒沢(1978, 1982)，林(1974, 1992)，西里(1975, 1982, 2007 b)，斉藤(1980)，高根(1980 a)，小林(1981)，林，鈴木(1986)，岩坪(1987)，穐山(1993)，大隈，ルバール(L. Lebart)，モリノー(A. Morineau)，ウォーウィック(K. M. Warwick)，馬場

10-3 数量化に関する本の出版

(1994)，駒沢，橋口，石崎(1998)，足立(2006)などがあげられるがこの他にも多数あるものと思われる．フランス語ではルバール，フェネロン(Lebart & Fénelon, 1971)，ベンゼクリら(J. P. Benzécri et al., 1973)，カーリエとパジェ(Carliez & Pagés, 1976)，エスコーフィエとルルー(Escofier & Le Roux, 1976)，ルバール，モリノーとタバール(Lebart, Morineau & Tabard, 1977)，ブーロシュ(Bouroche, 1977)，ジャンブとルボー(Jambu & Lebeaux, 1978)，サポルタ(Saporta, 1979, 1990)，ルバール，モリノーとフェネロン(Lebart, Morineau & Fénelon, 1979)，ベンゼクリとベンゼクリ(Benzécri & Benzécri, 1980)，フェネロン(Fénelon, 1981)，フカール(Foucart, 1982, 1985)，ナカシュ(Nakache, 1982)，スィボワ(Cibois, 1983)，エスコフィエとパジェ(Escofier & Pagés, 1988)，ジャンブ(Jambu, 1989)，ルアネとルルー(Rouanet & Le Roux, 1993)，テネンアウス(Tenenhaus, 1994)，セルーとナカシュ(Celeux & Nakache, 1994)，エスコフィエ(Escofier, 2003)などが出ている．

国際的発展を見た生態学，生物学では英語でカーティス(Curtis, 1959)，エベリット(Everitt, 1978)，オルロッチ(Orlóci, 1978)，ウィタカー(Whittaker, 1978 b)，ガウチ(Gauch, 1982)，ルジャンドゥルとルジャンドゥル(Legendre & Legendre, 1994)などが出た．

言語の壁に閉ざされた社会科学，統計学では他の領域に立ち遅れた．英語の参考書では西里(Nishisato, 1980*[12], 1994, 2007 a)，グリーネーカー

追想 12　ロシア語版出版

西里の本は 1980 年 12 月に出版された．グリーネーカーがベンゼクリのもとで博士論文を書いている頃，彼にも献本した．共産圏のソヴィエト科学アカデミーの研究者ミルキン(B. Mirkin)とアダモフ(S. Adamov)がこの本をロシア語に翻訳，それが完成してモスクワの出版社から 1991 年に出版の運びとなり，トロント大学出版会との契約も取り交わされていた．1991 年 12 月，筆者がドイツのボック(H. H. Bock)，ガウル(W. Gaul)，カナダのデイ(W. Day)，アメリカのボツドーガン(H. Bozdogan)とともにモスクワに招待講演に出かけたとき，筆者の英語の本のロシア語版は出版の直前であった．しかし年が明けた 1 月，ソヴィエト連邦は崩壊，それと共に出版社も閉鎖，ロシア語版出版の夢は空しくも破れた．

(Greenacre, 1984, 1993)，ルバール，モリノーとウオーウィック(Lebart, Morineau & Warwick, 1984)，西里と西里(Nishisato & Nishisato, 1984, 1994)，ファン リィケフォーセルとデルーウ(van Rijckevorsel & de Leeuw, 1988)，フィフィ(Gifi, 1990)，ウェラーとロムネイ(Weller & Romney, 1990)，ファン デ ギアー(van de Geer, 1993)，グリーネーカーとブレシウス(Greenacre & Blasius, 1994, 2006)，ガウアーとハンド(Gower & Hand, 1996)，ブレシウスとグリーネーカー(Blasius & Greenacre, 1998)，クラウセン(Clausen, 1998)，ベンゼクリ(Benzécri, 1992)，ルルーとルアネ(Le Roux & Rouanet, 2004)，マーター(Murtagh, 2005)などがある。英語の出版で特筆すべきは，オランダのライデン大学の博士論文が英語の単行本として出版されたことである。どれも世界の第一線をいく程度の高い研究で，それぞれが単行本として出せるまで論文を指導した人々の貢献も驚嘆に値する。デルーウ(Leeuw, 1973, 1984)，ハイザー(Heiser, 1981)，ミュールマン(Meulman, 1982, 1986)，ファン ダ ハイデン(van der Heijden, 1987)，ファン リィケフォーセル(van Rijckevorsel, 1987)，イスラエルス(Israëls, 1987)，ファン ダ ブルグ(van der Burg, 1988)，コスター(Koster, 1989)，キアーズ(Kiers, 1989)，ファン ブーレン(van Buuren, 1990)，フェアブーン(Verboon, 1994)，マークス(Markus, 1994)，ファン オス(van Os, 2000)の書は広く読まれた。出版を担当したDSWO出版会はいまはない。短期間にこれだけの本になる研究が一つの大学からでたことはまさに驚きである。

10-4　計量心理学会の貢献

　計量心理学会は1935年に発足，1936年には学会誌サイコメトリカ(Psychometrika)が発刊された。2005年には70年記念の学会がオランダのティルブルグ(Tilburg)で開かれた。この年，ヨレスコグ(K. Jöreskog)，モレナー(I. Molenar)，西里(S. Nishisato)の3人の前会長が1935年生まれで，70歳を迎えた。

　計量心理学会はデータ解析の分野，特に因子分析，テスト理論，尺度法(1次元，多次元)，クラスター解析などで素晴らしい貢献をしてきた。サイコメトリカの掲載論文による日本の貢献を見ると，1960年代にはわずか戸田，久野，柏木，福田などの論文が出ているが，1970年代には鮫島(アメリカ)，高根(カナダ)，西里(カナダ)の活動が始まり，1980年代には中西，丘本，伊原，

10-4 計量心理学会の貢献

表 10.1 数量化への計量心理学会会長の貢献

1.		Leon L. Thurstone (1935–36)	38.	♥ R. Darrell Bock
2.		E.L. Thorndike	39.	♥ Roger Shepard
3.		J.P. Guilford	40.	♥ Joseph B. Kruskal
4.		Truman L. Kelly	41.	♥ J. Douglas Carroll
5.		Karl K, Holzinger	42.	♥ R. Duncan Luce
6.		Jack W. Dunlap (1940–41)	43.	♥ Karl G. Jöreskog
7.	♥	Paul Horst	44.	♥ Norman Cliff
8.	♥	Marion W. Richardson	45.	Melvin R. Novick
9.		Henry Garret	46.	♥ Forrest W. Young (1980–81)
10.	♥	Harold Gulliksen	47.	♥ James O. Ramsay
11.		Harold A. Edgerton	48	Peter Bentler
12.		Edward E. Cureton	49.	♥ Larry Hubert
13.		Irving Lorge	50	Bruce Blxom
14.		Philip Rulon	51.	♥ Roderick P. McDonald
15.		Dorothy C. Adkins	52.	♥ Yoshio Takane
16.		Winn McNemer (1950–51)	53.	♥ Jan de Leeuw
17.		John C. Flanagan	54	Bengt Muthén
18.		Robert L. Thorndike	55.	Paul Holland
19.	♥	Lee J. Cronbach	56.	♥ Phipps Arabie (1990–91)
20.	♥	Ledyard R. Tucker	57.	♥ Michael W. Browne
21.	♥	Clyde H. Coombs	58.	William Meredith
22.		Hubert E. Brogden	59.	Robert Mislevy
23.		Frederick Mosteller	60.	Gerhard Fischer
24.	♥	Frederic M. Lord	61.	♥ Shizuhiko Nishisato
25.		Lloyd G. Humphreys	62.	Fumiko Samejima
26.		John B. Carroll (1960–61)	63.	♥ Ivo Molenaar
27.		Philip DuBois	64.	Susan Embretson
28.	♥	Lyle V. Jones	65.	Wim van der Linden
29.		Allen Edwards	66.	David Thissen (2000–01)
30.	♥	Warren Torgerson	67.	William Stout
31.	♥	Bert Green	68.	♥ Jacqueline Meulman
32.		Chester W. Harris	69.	♥ Willem Heiser
33.		B.J. Winer	70.	♥ Robert Cudeck
34.		Harry H. Harman	71.	♥ Ulf Böckenholt
35.	♥	Henry F. Kaiser	72.	Roger Millsap
36.	♥	Louis Guttman (1970–71)	73.	Paul DeBoeck
37.		Samuel Messick	74.	Brian Junker
			75.	♥ Jos ten Berge

(♥：著者の知る限りで数量化に関する論文を出した研究者)

宮野, 犬飼, 斉藤, 柳井, 柴山, 大津, 田中, 小高, 龍岡(アメリカ)と人数が大きく増え, 1990年以後は前川, 石塚, 狩野, 市川, 小西, 村木, 村上, 小笠原, 原田, 林, 繁桝, 宮崎, 足立, 星野らが加わり, 層をいっそう厚くしている。さらに狩野, 小笠原, 高根, 岡汰, 足立, 今泉などは学会運営に大きな尽力をしている。このほか日本行動計量学会会員の貢献も忘れることができない。表10.1は計量心理学会の歴代の会長で, 計量心理学の各分野に貢献した研究者のリストである。因子分析のサーストン, ホルシンガー, ハーマン, カイザー, ハリス, マクドナルド, ブラウン, テスト理論のルーロン, アドキンス, フラナガン, グリクセン, ロード, ノービック, フィッシャー, 鮫島, スタウト, エンブレッツォン, ファン デァ リンデン, ティッセン, ジュンカー, 展開法のクームス, シェネマン, 尺度法(スケーリング)のガットマン, トーガソン, ボック, シェパード, クラスカル, キャロル, ラムゼイ, ヤング, 高根, デルーウ, 西里, ミュールマン, ハイザー, 共分散構造分析のヨレスコグ, ベントラー, ムテン, キュウデックなど。彼らの数量化の研究への貢献も見逃せない。表10.1には著者の知る限りで数量化に関する論文を出した研究者を♥印で示した。これから数量化が計量心理学でも大きな流れの一つを成してきたこと, そして計量心理学会がその一役をかっていることがわかる。

10-5 結　語

　数量化の歴史を振り返ると, まず1950年頃までに数量化の方法の基礎的な数式化はほぼでき上がっている。その後に細かな側面に関する研究がたくさん出版された。しかしまだ数々の問題が未解決である。グラフの問題, セット間の距離を考慮に入れた数量化の問題などは本書で触れたが, 他にも本書で取り上げなかった種類のカテゴリーデータの数量化, 異なったカテゴリーデータ(たとえば, 多肢選択データと順位データ)が混在したデータの数量化など, 応用の観点からはまだまだ研究が必要である。ドミナンスデータの数量化は実用の観点からは問題がインシデンスデータの場合よりはるかに少ないが, 初期値を最小二乗で求めていることには問題がある。順位データの場合, クームスが望んだようにすべての計算を順序測度の水準で行うことが可能になったとき, ドミナンスデータの数量化は完成したということになろう。インシデンスデータに関しては枠組みとして西里とクラヴェルの最近の研究が紹介されたが, これも応用の観点からはまだまだ経験をつんでいかなくてはならない。その枠組

10-5 結　語

みは常識的に理解できるものであるが，因子分析，主成分分析などが定着した今日，射影により小次元空間でデータを解釈する風習が広くいきわたり，そのかわりとして全空間でクラスターを求めていくという枠組みは大きな抵抗を経験するものと思われる。これはリッカート法を捨てて，数量化をという本書の薦めが経験する抵抗の強さ以上であるかもしれない。しかしデータ解析はあくまでもデータの情報を破壊せずに取り出そうという目的を持っているという立場は，たとえば心理学，精神医学でまれに見る性格異常の研究者などには容易に受け入れてもらえるものと考えられる。

　教育界では二歳児にハンマーを与えると，とたんにハンマーを使うところがたくさん出てくる(If you give a hammer to a two-year old, suddenly a lot of things need hammering)という格言があるが，数量化を学生時代に教わったところ，そのあと何から何まで数量化でデータ解析をしなくてはならないということになってしまった，というのが筆者の人生であった。それを悔いるどころか，知れば知るほど含蓄の多いデータ解析法であるということで自己満足を感じている。一つの願いは前章で数値例を用いて紹介した西里-クラベルの全情報解析が現在の数量化の新たなステップとして一般に受け入れられる日の到着である。数量化で求められるセット内，セット間の距離の解析を通じて初めて行と列の間の相関を最大にする数量化の目的が実を結ぶものと考えられる。最後に本書のメッセージとして測度の分類に基づく妥当な数理解析の方法を選んでほしい。

演習問題に対するヒント

1章

1-1 数の性質，とくに意味のある演算ができるかどうかを吟味する。名義測度は名前，ラベルとして数字を使うもので，電話番号が一例である。順位測度は順序だけの情報を担うもので，競馬の結果につける1, 2, 3番が一例である。間隔測度は単位が定義され，かつ原点が定義されていない測度で，よくあげられる例が気温の摂氏である。比率測度は単位と原点が定義されているもので，血圧が一例である。

1-2 リッカート法では，これらを比率測度として扱うが，数量化では間隔の調整のほかにカテゴリーの順序の調整もするので，名義測度として扱っている。

1-3 公理論的測度理論が何であるかは，インターネットで学んでほしい。スティーヴンスの測度理論が常識で理解できる測度の分類で，どちらかといえば数学的に厳格に定義されたものではない。これに対して公理論的測度理論は論理数学的に積み重ねてできあがった測度理論である。

1-4 一例として次のデータを考えよう。

	X(晴れ)	Y(曇り)	Z(雨)
1月	5	18	8
2月	8	17	3
3月	10	10	11
4月	12	11	5
5月	2	4	25
6月	3	9	18
7月	12	10	9
8月	15	10	6
9月	18	6	6
10月	21	7	3
11月	24	5	1
12月	15	10	6

この例を用いてXとY，XとZ，YとZの相関係数を計算し，結果を検討してほしい。毎月の日数がほぼ等しいので，一つの変数が増えると，他の変数の値が下るという傾向が相関係数で捉えられるはずである。

1-5 この回答は紙面の都合で省略するが，本文の例にならって項目の組み合わせに対して3×3の分割表を作ってほしい．

1-6 分割表ができたら，グラフを求めることは本文の例にならって行い，どのグラフがほぼ線形で上昇するグラフを示すか調べる．この際各グラフの二つの線がともに線形上昇型であることが必要である．

1-7 行の入れ替え，列の入れ替えによって線形関係が得られるなら，両変数の関係は非線形となる証拠である．この問はどの変数間の関係が非線形であるかを問うものである．例題のグラフができたら，その判断は比較的やさしい．

2章

2-1 実際に初期値として0，0，0を用いるとカテゴリーの平均値がどうなるかを考えれば答えが出てくる．

2-2 2変数線形構造式からわかるように，無意味な解は特異値が1，各カテゴリーの重みが1ということで，たとえば(1, 1, 1)を初期値とすると無意味な解に収束する可能性があるからである．

2-3 これは紙面の都合で省略するが，交互平均法のプログラムを作り試してほしい．

2-4 これも2変数線形構造式を吟味すると明らかで，データから行と列が独立な場合の度数を差し引くと，あとには何も残らないので，意味のある成分はでてこない．

3章

3-1 多肢選択項目が2個という場合はデータを分割表で表しても多肢選択データとして表しても同じはずである．しかし数量化の結果はどうであろうか．これが問である．例題を用いて計算結果だけを示すこととしよう．

　　項目1：タバコをすうか？「すう，すわない」
　　項目2：コーヒーと紅茶のどちらが好きか？「コーヒー，紅茶，どちらでもよい」

データは項目1×項目2の分割表は

$$\begin{bmatrix} 3 & 2 & 1 \\ 1 & 2 & 4 \end{bmatrix}, \quad 固有値=0.2107, \quad 重みはそれぞれ \begin{bmatrix} 1.0801 \\ -0.9258 \end{bmatrix}, \begin{bmatrix} 1.2605 \\ 0.1681 \\ -1.1429 \end{bmatrix}$$

このデータを被験者(13)×選択肢(5)の反応パターンの表に書き換えて数量化をすると固有値が0.7295で分割表のものとは異なるが，5個の選択肢の重みは [1.0801，−0.9258，1.2605，0.1681，−1.1429] で分割表から得た重みに等しい．異なっている固有値も実は数学的な関係があること，唯一の基本的違いは多肢選択データとして取り上げた場合，一般に分割表から得られる成分より多数の成分が得られることである．これは統計量デルタにも関係してくる．自分で実際に数値例を作ってこのよ

演習問題に対するヒント

うな質問に対する答えを検討すべきであるが，このような比較の詳しい討論はNishisato(1980, p.74-90)に見られる。

3-2 信頼性係数を項目と総得点の相関の2乗で表現し，数量化はこの相関の2乗を最大にするということに注目すると，この問に関する答えがでてくる。また信頼性係数を相関比の関数として表現すると，相関比を最大にする数量化は信頼性係数も最大にすることがわかる。

4章

4-1 ワィレィ(Wiley, 1967)が提唱し，エヴァンス(Evans, 1970)が改良した潜在分割解析(latent partition analysis)が考えられる。また高根(1980 b)が様々なアプローチを論じているので参照にしてほしい。

4-2 刺激を分類させるとき分割する数を限定してデータを集めるのがもっとも手っ取り早い方法であろう。データを現行のままにしておき，この問題に対処するような新しい数量化の方法を開発することは野心的であるが重要である。

4-3 分類に使うグループ数は成分の数に直接影響する。グループ数が多いと，解釈に手間がかかる。そこで重要なことはデータの情報を損なわないような形でグループ数を制限することである。しかしこれをどうして発見するかは今のところわからない。

5章

5-1 無意味な解が含まれているかいないかで異なる。インシデンスデータには重みづけの対象になる反応があるのに対して，ドミナンスデータには大小の情報があるのみである。インシデンスデータではグラフを描くときに行空間と列空間の隔たりの問題がある。ドミナンスデータの場合は，刺激を試験者の空間に射影するので，空間の隔たりの問題はない。

5-2 答えは0になるが，これは簡単に証明できるので小さな例を作り試してほしい。

5-3 次のデータを例として用いよう。

```
 もとのデータ(A)     最初の2刺激だけ順位づけしたデータ(B)
  1 3 5 2 4 6 7          1 5 5 2 5 5 5
  2 4 5 6 1 3 7          2 5 5 5 1 5 5
  4 3 5 1 2 7 6          5 5 5 1 2 5 5
  7 6 2 4 3 5 1          5 5 2 5 5 5 1
  4 2 3 7 6 1 5          5 2 5 5 5 1 5
  6 1 2 3 4 5 7          5 1 2 5 5 5 5
  2 3 1 7 6 4 5          2 5 1 5 5 5 5
```

これらのデータから得られた数量化の結果だけを記すので，両者のどのような点が違うか，同じ順位を与えることの長所と短所を吟味してほしい。

データ A

成分	1	2	3	4	5	6
固有値	0.1630	0.1460	0.0717	0.0366	0.0264	0.0007
特異値	0.4037	0.3822	0.2677	0.1913	0.1626	0.0263
デルタ	36.67	32.86	16.13	8.23	5.95	0.16
累積デルタ	36.67	69.53	85.66	93.89	99.84	100.00

データ B

成分	1	2	3	4	5	6
固有値	0.1020	0.0732	0.0463	0.0295	0.0277	0.0070
特異値	0.3193	0.2706	0.2151	0.1717	0.1665	0.0839
デルタ	35.69	25.63	16.19	10.32	9.70	2.46
累積デルタ	35.69	61.33	77.52	87.83	97.54	100.00

6章

6-1 次表のデータが得られたとしよう。

	刺激提示順位						逆の順位					
	a	a	a	b	b	c	b	c	d	c	d	d
被験者	b	c	d	c	d	d	a	a	a	b	b	c
1	1	1	1	1	2	2	2	2	1	2	1	1
2	2	1	2	2	2	1	1	1	2	1	2	2
3	1	1	2	2	2	2	2	1	1	1	2	1

最初の 6 対の刺激の提示順位を逆に提示したものが最後の 6 対である。便宜上最後の 6 対も最初の 6 対と同じに並び替えよう。この時データも 1 を 2 に，2 を 1 に変えなくてはならない。

	a	a	a	b	b	c	a	a	a	b	b	c
被験者	b	c	d	c	d	d	b	c	d	c	d	d
1	1	1	1	1	2	2	1	1	2	1	2	2
2	2	1	2	2	2	1	2	2	1	2	1	1
3	1	1	2	2	2	2	1	2	2	1	2	2

これをはじめの 6 対，あとの 6 対のなかでドミナンス数を計算し，ドミナンス表に変える。

被験者	a	b	c	d	a*	b*	c*	d*
1	3	−1	−3	1	−1	−1	−1	3
2	−1	−1	1	1	−1	1	1	−1
3	1	−3	−1	3	−1	−1	−1	3

各刺激は他の 3 刺激と比較された。したがって各要素は 3 個の反応に基づくと考えて交互平均法にかける。ドミナンス表は 3×8，それから得られる刺激の尺度値(重み)は $w_a, w_b, w_c, w_d, w_a^*, w_b^*, w_c^*, w_d^*$ となる。これからたとえば w_a，w_a^* の比較により提示順位の影響があったかどうかを調べればよい。

引 用 文 献

足立浩平 (2006). 多変量データ解析法―心理・教育・社会系のための入門. ナカニシヤ出版.
Aitchson, J. & Greenacre, M. J. (2002). Biplots in compositional data. *Applied Statistics*, **51**, 375-392.
穐山貞登 (1993). 数量化のグラフィックス―態度の多変量解析. 朝倉書店
Bartlett, M. S. (1947). Multivariate analysis. *Journal of the Royal Statistical Society, Supplement*, **9**, 176-190.
Beltrami, E. (1873). Sulle funzioni bilineari (On the bilinear functions). In G. Battagline & E. Fergola (Eds.), *Giornale di Mathematiche*, **11**, 98-106.
Benzécri, J. P. (1969). Statistical analysis as a tool to make patterns emerge from data. In Watanabe, S. (Ed.), *Methodologies of pattern recognition*. New York : Academic Press, 35-74.
Benzécri, J. P. (1982). *Histoire et Préhistoire de l'Analyse des Données* History and prehistory of data analysis. Paris : Dunod.
Benzécri, J. P. (1992). *Correspondence Analysis Handbook*. New York : Marcel Dekker.
Benzécri, J. P. & Benzécri, F. (1980). *L'Analyse des Correspondances : Exposé Elementaire*. Paris : Dunod.
Benzécri, J. P. et al. (1973). *L'analyse des données : II. L'analyse des correspondances*. Paris : Dunod.
Blasius, J. & Greenacre, M. J. (1998). *Visualization of CategoricalData*. London : Academic Press.
Bock, R. D. (1956). The selection of judges for preference testing. *Psychometrika*, **21**, 349-366.
Bock, R. D. (1960). Methods and applications of optimal scaling. *The University of North Carolina Psychometric Laboratory Research Memorandum*, No. 25.
Bouroche, J. M. (1977). *Analyse des Données en Marketing*. Paris : Dunod.
Bradu, D. & Gabriel, K. R. (1978). The biplot as a diagnostic tool for models of two-way tables. *Tachnometrics*, **20**, 47-68.
Carlier, A. & Kroonenberg, P. M. (1995). Biplots and decopmpositions in two-way and three-way correspondence analysis. Technical Report No.-1-93. Labor-

atoire de Statistique et Probabilités, Université Paul Sabatier, Toulouse.
Carlier, A. & Kroonenberg, P. M. (1996). Decompositions and biplots in three-way correspondence analysis. *Psychometrika*, **61**, 355-373.
Carliez, F. & Pagés, J. (1976). *Introduction à l'Analyse des Données*. Paris: SMASH.
Carroll, J. D. (1972). Individual differences and multidimensionalscaling. In R. N. Shepard, A. K. Romney & S. B. Nerlove (Eds.), *Multidimensional Scaling : Theory and Applications in the Behavioral Sciences*, Volume I. New York: Seminar Press.
Celeux, G. & Nakache, J. P. (1994). *Discrimination sur Variables Qualitatives*. Paris: Polytechnica.
Choulakian, V. (1988). Exploratory analysis of contingency tables by loglinear formulation and generalization of correspondence analysis. *Psychometrika*, **53**, 235-250.
Cibois, P. (1983). *L'Analyse Factorielle*. Paris: Presses Universitaires de France.
Clausen, S. E. (1998). *Applied Correspondence Analysis : An Introduction*. Sage Publications.
Coombs, C. H. (1964). *A Theory of Data*. New York: Wiley.
Cox, C. & Gabriel, K. R. (1982). Some comparisons of biplot display and pencil-and-paper E. D. A. methods. In Luner, R. L. and Siegel, A. F. (Eds.), *Modern Data Analysis*. London: Academc Press, 45-82.
Cramér, H. (1946). *Mathematical Methods of Statistics*. Princeton: Princeton University Press.
Cronbach, L. J. (1951). Coefficient alpha and the internal structure of tests. *Psychometrika*, **16**, 297-334.
Curtis, J. T. (1959). *The Vegetation of Wisconsin : an Ordination of Plant Communities*. Madison: University of Wisconsin Press.
Curtis, J. T. & McIntosh, R. P. (1951). An upland forest continuum in the prairie-forest border region of Wisconsin. *Ecology*, **32**, 476-496.
D'Ambra, L., Beh, E. J. & Amenta, P. (2005). CATANOVA for two-way contingency tables with ordinal variables using orthogonal polynomials. *Communication in Statistics* (Theory and Methods), **34** (8).
D'Ambra, L. & Lauro, N. C. (1989). Non-symmetrical correspondence analysis for three-way contingency tables. In Coppi, R. & Bolasco, S. (Eds.), *Multiway Data Analysis*. Amsterdam: Elsevier, 301-315.
D'Ambra, L. & Lauro, N. C. (1991). Non-symmetrical analysis of three-way contingency tables. In Coppi, R. & Bolasco, S. (Eds.), *Multiway Data Analysis*. Amsterdam: North-Holland, 301-315.

D'Ambra, L., Lombardo, R. & Amenta, P. (2002). Singly ordered non-symmetric correspondence analysis. *Act of the XLI Italian Statistics Society Conference*, Milan.

Daudin, J. J. & Trecourt, P. (1980). Analyse factorielle des correspondances et modeles logolinieres: comparaisons de methodes sur un exemple. *Revue de Statistique Appliqué*, 1.

Day, D. A. (1989). Investigating the validity of the English and French versions of the Myers-Briggs Type Indicator. Ph. D. Thesis, University of Toronto.

de Leeuw, J. (1973). Canonical analysis of categorical data. Doctoral Thesis, Leiden University.

de Leeuw, J. (1983). On the prehistory of correspondence analysis. *Statistica Neederlandica*, **37**, 161-164.

de Leeuw, J. (1984). *Canonical analysis of categorical data*. Leiden University: DSWO Press.

de Leeuw, J., Young, F. W. & Takane, Y. (1976). Additive structure in qualitative data: an alternating least squares method with optimal scaling features. *Psychometrika*, **41**, 471-503.

Diday, E. (1975). Personal communication.

Eckart, C. & Young, G. (1936). The approximation of one matrix by another of lower rank. *Psychometrika*, **1**, 211-218.

Edgerton, H. A. & Kolbe, L. E. (1936). The method of minimum variation for the composite criteria. *Psychometrika*, **1**, 183-187.

Ellenberg, H. (1948). Unkrautgesellschaften als Mass für den Säregrad, die Verdichtung und andere Eigenschaften des Ackerbodens. *Berichte über Landtechnik, Kuratorium für Technik und auwesen in der Landwirtschaft*, **4**, 130-146.

Escofier-Cordier, B. (1969). L'analyse factorielle des correspondances. *Bureau Univesitaire de Recherche Operationelle*.

Escofier, B. (2003). *Analyse des Correspondances: Recherches au Coeur de l'Analyse des Données*. Renne: Presses Universitaires de Renne.

Escofier, B. & Le Roux, B. (1976). *Etude de Trois Problèmes de Stabilité en Analyse Factorielle*. Paris: Publication de l'ISUP.

Escofier, B. & Pagés. J. (1988). *Analyse Factorielles Simples et Multiples: Objectives, Méthodes et Interprétation*. Paris: Dunod.

Escoufier, Y. & Grorud, A. (1980). Analyse factorielle des matrices carrées non symetriques. In Diday, E. et al. (Eds.), *Data Analysis and Informatics*. Amsterdam: North Holland, 263-276.

Escoufier, Y. & Junca, S. (1986). Discussion of "Some useful extension of the usual correspondence analysis and the usual log-linear models approach in the analysis of contingency tables" by L. A. Goodman. *International Statistical Review*, **54**, 279-283.

Evans, G. T. (1970). The analysis of categorizing behavior. *Psychometrika*, **35**, 367-392.

Everitt, B. S. (1978). *Graphical Techniques for Multivariate Data*. New York: North-Holland.

Fénelon, J. P. (1981). *Qu'est ce que l'Analyse des Données?* Paris: Lefonen.

Fienberg, S. E. & Meyer, M. M. (1983). Loglinear analysis and categorical data analysis with psychometric and econometric applications. *Journal of Econometrics*, **22**, 191-214.

Fisher, R. A. (1940). The precision of discriminant functions. *Annals of Eugenics*, **10**, 422-429.

Fisher, R. A. (1948). *Statistical methods for research workers*. London: Oliver and Boyd.

Foucart, T. (1982). *Analyse Factorielle : Programmation sur Micro-Ordinateur*. France: Masson.

Foucart, T. (1985). *Analyse Factorielle : Programmation sur Micro-Ordinateur*. 2nd ed. France: Masson.

Gabriel, K. R. (1971). The biplot graphical display of matrices with applications to principal component analysis. *Biometrics*, **58**, 453-467.

Gabriel, K. R. (1981). Biplot display of multivariate matrices for inspection of data and diagnosis. In Burnett, V. (Ed.), *Interpreting Multivariate Data*. New York: Wiley, 147-173.

Gabriel, K. R. (2002). Goodness of fit of biplots and correspondence analysis. *Biometrika*, **89**, 423-436.

Gabriel, K. R. & Odoroff, C. L. (1990). Biplots in biomedical research. *Statistics in Medicine*, **9**, 423-436.

Garmize, L. & Rycklak, J. (1964). Role-play validation of socio-cultural theory of symbolism. *Journal of Consulting Psychology*, **28**, 107-115.

Gauch, H. G. (1982). *Multivariate Analysis in Community Ecology*. Cambridge: Cambridge University Press.

Gauch, H. G. & Wentworth, T. R. (1976). Canonical correlation analysis as an ordination technique. *Vegitatio*, **33**, 17-22.

Gause, G. F. (1930). Studies on the ecology of the Orthoptera. *Ecology*, **11**, 307-325.

Gifi, A. (1990). *Nonlinear multivariate analysis*. New York: Wiley.

Gilula, Z. & Haberman, S. J. (1986). Canonical analysis of contingency tables by maximum likelihood. *Journal of the American Statistical Association*, **81**, 780

-788.
Gilula, Z. & Ritov, Y. (1990). Inferential ordinal correspondence analysis: motivation, derivation and limitations. *International Statistical Review*, **58**, 99-108.
Gleason, H. A. (1926). The individual concept of the plant association. *Bulletin, Torrey Botanical Club*, **53**, 7-26.
Goodman, L. A. (1985 a). Correspondence analysis models, log-linear models, and log-linear analysis models for the analysis of contingency tables. *Bulletins of the International Statistical Institute*, **51**, Book 4, 28, 1-14.
Goodman, L. A. (1985 b). The analysis of cross-classified data having ordered categories. Association models, correlation models, and asymmetry models for contingency tables with or without missing entries. *The Annals of Statistics*, **13**, 10-69.
Goodman, L. A. (1986). Some useful extensions of the usual correspondence analysis and the usual log-linear models approach in the analysis of contingency tables (with discussion). *International Statistical Review*, **54**, 243-309.
Goodman, L. A. (1991). Measures, models, and graphical displays in the analysis of cross-classified data (with discussion). *Journal of the American Statistical Association*, **86**, 1085-1138.
Gower, J. C. (1990). Three-dimensional biplots. *Biometrika*, **77**, 773-785.
Gower, J. C. (1992). Generalized biplots. *Biometrika*, **79**, 475-493.
Gower, J. C. & Hand, D. J. (1996). *Biplots*. London: Chapman and Hall.
Gower, J. C. & Harding, S. (1988). Nonlinear biplots. *Biometrika*, **75**, 445-455.
Greenacre, M. J. (1984). *Theory and applications of correspondence analysis*. London: Academic Press.
Greenacre, M. J. (1993 a) *Correspondence Analysis in Practice*. London: Academic Press.
Greenacre, M. J. (1993 b). Biplots in correspondence analysis. *Journal of Applied Statistics*, **20**, 251-269.
Greenacre, M. J. & Blasius, J. (Eds.), (1994). *Correspondence Analysis in the Social Sciences*. London: Academic Press.
Greenacre, M. J. & Blasius, J. (Eds.), (2006). *Multiple Correspondence Analysis and Related Methods*. Boca Raton: Chapman and Hall/CRC.
Guttman, L. (1941). The quantification of a class of attributes: A theory and method of scale construction. In the Committee on Social Adjustment (Ed.), *The prediction of personal ; adjustment*. New York: Social Science Research Council, 319-348.
Guttman, L. (1946). An approach for quantifying paired comparisons and rank order. *Annals of Mathematical Statistics*, **17**, 144-163.

Han, S. T. & Huh, M. H. (1995). Biplot of ranked data. *Journal of the Korean Statistical Society*, **24**, 439-451.

Hand, D. J. (1996). Statistics and the theory of measurement. *Journal of the Royal Statistical Society, Section A*, **3**, 445-492.

Hayashi, C. (1950). On the quantification of qualitative data from the mathematico-statistical point of view. *Annals of the Institute of Statistical Mathematics*, **2**, 35-47.

Hayashi, C. (1952). On the prediction of phenomena from qualitative data and the quantification of qualitative data from the mathematico-statistical point of view. *Annals of the Institute of Statistical Mathematics*, **3**, 69-98.

林知己夫 (1974). 数量化の方法. 東洋経済社

林知己夫 (1992). 数量化理論と方法. 朝倉書店

林知己夫・樋口伊佐夫・駒沢勉 (1970). 情報処理と統計数理. 産業図書

林知己夫・鈴木達三 (1986). 社会調査と数量化：国際比較におけるデータの科学. 岩波書店

Heiser, W. J. (1981). *Unfolding Analysis of Proximity Data*. Leiden University: DSWO Press.

Hill, M. O. (1973). Reciprocal averaging: An eigenvector method of ordination. *Journal of Ecology*, **61**, 237-249.

Hill, M. O. (1974). Correspondence analysis: a neglected multivariate method. *Journal of the Royal Statistical Society C (Applied Statistics)*, **23**, 340-354.

Hirschfeld, H. O. (1935). A connection between correlation and contingency. *Cambridge Philosophical Society Proceedings*, **31**, 520-524.

Hoffman, D. L. & Franke, G. R. (1986). Correspondence analysis: Graphical representation of categorical data in marketing research. *Journal of Marketing Research*, **23**, 213-217.

Horst, P. (1935). Measuring complex attitudes. *Journal of Social Psychology*, **6**, 369-374.

Hotelling, H. (1933). Analysis of complex of statistical variables into principal components. *Journal of Educational Psychology*, **24**, 417-441, 498-520.

Hotelling, H. (1936). Relations between two sets of variables. *Biometrika*, **28**, 321-377.

Huh, M. H. (1989). Local aspects of sensitivity analysis in Hayashi's third method of quantification. *Journal of Japanese Society of Computational Statistics*, **2**, 55-63.

Inukai, Y. (1972). Optimal versus partially optimal scaling of polychotomous items. Master's Thesis, University of Toronto.

Israëls, A. (1987). *Eigenvalue Techniques for Qualitative Data*. Leiden University:

DSWO Press.
岩坪秀一 (1987). 数量化の基礎. 朝倉書店
Jambu, M. (1989). *Exploration Informatique et Statistique des Données*. Paris: Dunod.
Jambu, M. & Lebeaux, M. O. (1978). *Classification Automatique pour l'Analyse des Données Logiciels*. Paris: Dunod.
Johnson, P. O. (1950). The quantification of qualitative data in discriminant analysis. *Journal of the American Statistical Association*, **45**, 65-76.
Jordan, C. (1874). Mémoire sur les formes bilinieres (Note on bilinear forms). *Journal de Mathêmatiques Pures et Appliquées, Deuxiême Sêrie*, **19**, 35-54.
Jöreskog, K. & Sorbom, D. (1996). *Prelis 2 : Users reference guide*. Chicago: Scientific Software International.
Kendall, M. G. & Stuart, A. (1961). *The Advanced Theory of Statistics*. Volume II. London: Griffin.
Kiers, H. (1989). *Three-way methods for the analysis of qualitative and quantitative two-way data*. Leiden University: DSWO Press.
小林龍一 (1981). 数量化理論入門. 日科技連
駒沢 勉 (1978). 多元的データの分析の基礎. 朝倉書店
駒沢 勉・林知己夫 (1982). 数量化理論とデータ処理. 朝倉書店
駒沢 勉・石崎龍二・橋口捷久・赤池弘次 (1998). パソコン数量化分析. 朝倉書店
Koster, J. T. A. (1989). *Mathematical aspects of multiple correspondence analysis for ordinal variables*. Leiden University: DSWO Press.
Kretschmer, E. (1925). *Physique and Character*. Kegan, Paul, Trench and Trubner.
Kroonenberg, P. M. (2002). Analyzing dependence in large contingency tables: nonsymmetric correspondence analysis and regression with optimal scaling. In Nishisato, S., Baba, Y., Bozdogan, H. & Kanefuji, K. (Eds.), *Measurement and Multivariate Analysis*. Tokyo: Springer, 87-96.
Kroonenberg, P. M. & Lombardo, R. (1998). Nonsymmetric correspondence analysis: a tutorial. *Kwantitatieve Methoden*, **19**, 57-83.
Kroonenberg, P. M. & Lombardo, R. (1999). Nonsymmetric correspondence analysis: a tool for analyzing contingency tables with a dependence structure. *Multivariate Behavioral Research*, **34**, 367-397.
Lancaster, H. O. (1953). A reconciliation of chi-square, considered from metrical and enumerative aspects. *Sankhya*, **13**, 1-10.
Lancaster, H. O. (1958). The structure of bivariate distribution. *Annals of Mathematical Statistics*, **29**, 719-736.
Lauro, N. C. & D'Ambra, L. (1984). L'analyse non symétrique des correspondances. In Diday, E. et al. (Eds.), *Data Analysis and Informatics*. Amsterdam:

North Holland.
Lauro, N. C. & Decarli, A. (1982). Correspondence analysis and loglinear models in multiway contingency tables study. *Metron*, 1-2, 213-234.
Lauro, N. C. & Siciliano, R. (1988). Correspondence analysis and modeling for contingency tables: symmetric and nonsymmetric approaches. The Third International Workshop on Statistical Modeling. Vienna.
Lebart, L. & Fénelon, J. P. (1971). *Statistique et Informatique Appliqées*. Paris: Dunod.
Lebart, L., Morineau, A. & Fénelon, J. P. (1979). *Traitement des Données Statistiques*. Paris: Dunod.
Lebart, L., Morineau, A. & Tabard, N. (1977) *Techniques de la Description Statistique : Méthodes et Logiciels pour l'Analyse des Grands Tableaux*. Paris: Dunod.
Lebart, L., Morineau, A. & Warwick, K. M. (1984). *Multivariate Descriptive Statistical Analysis*. New York: Wiley.
Leclerc, A., Chevalier, A., Luce, D. & Blanc, M. (1985). Analyse des correspondances et modéle logistique: possibilitées et intêrte d'approches complêmentaires. *Revue de Statistique Appliqée*, XXXIII, 1.
Legendre, P. & Legendre, L. (1994). *Numerical Ecology*. Amsterdam: North-Holland.
Lenoble, F. (1927). A propos des associationsvégétales. *Bull. Soc. bot. Fr.*, **73**, 873-893.
Le Roux, B. & Rouanet, H. (2004). *Geometric Data Analysis : From Correspondence Analysis to Structured Data*. Dordrecht: Kluwer.
Likert, R. (1932). A technique for the measurement of attitudes. *Archives of Psychology*, No. 140, 44-53.
Lingoes, J. C. (1964). Simultaneous linear regression: An IBM 7090 program for analysis of metric/nonmetric or linear/nonlinear data. *Behavioral Science*, **9**, 87-88.
Lord, F. M. (1958). Some relations between Guttman's principal components of scale analysis and other psychometric theory. *Psychometrika*, **23**, 291-296.
Loucks, O. L. (1962). Ordinating forest communities by means of environmental scalars and phytosociological indices. *Ecol. Monogr.*, **32**, 137-166.
Markus, M. T. (1994). *Bootstrap Confidence Regions in Nonlinear Multivariate Analysis*. Leiden: DSWO Press.
Maung, K. (1941). Measurement of association in contingency tables with special reference to the pigmentation of hair and eye colours of Scottish children. *Annals of Eugenics*, **11**, 189-223.

Mayenga, C. (1997). Dual scaling of sorting data : Effects of limiting categorization on quantification results. Doctoral Thesis, University of Toronto.
Meulman, J. (1982). *Homogeneity analysis of incomplete data*. Leiden University : DSWO Press.
Meulman, J. (1986). *A distance approach to nonlinear multivariate analysis*. Leiden University : DSWO Press.
Millones, O. (1991). Dual scaling in the framework of the association and correlation models under maximum likelihood. Doctoral Thesis, University of Toronto.
森本栄一 (1997 a). 数量化理論の形成 (The formation of Hayashi's quantification theory). *Journal of History of Science, Japan*, **36**, 85-95.
Morimoto, E. (1997 b). The formation of Hayashi's quantification theory. In Knobloch, E., Mawhin, J. & Demirov, S. (Eds.), *Studies in History of Mathematics Dedicated to A. P. Youschkevitch*. Liége : Prepols, 319-324.
森本栄一 (1999). 数量化理論の普及：理論形成後の1950年代から1970年までの展開. *Journal of History of Science, Japan*, **38**, 129-141.
Mosier, C. I. (1946). Machine methods in scaling by reciprocal averages. *Proceedings, Research Forum*. Endicath, N. Y. : International Business Corporation. 35-39.
Murtagh, F. (2005). *Correspondence Analysis and Data Coding with R and Java*. Boca Raton : Chapman and Hall/CRC.
Myers, I. B. (1962). *The Myers-Briggs Type Indicator Manual*. Princeton : Educational Testing Service.
Nakache, J. P. (1982). *Exercises Commentés de Mathématiques pour l'Analyse des Données*. Paris : Dunod.
西里静彦 (1975). 応用心理尺度法：質的データの分析と解釈. 誠信書房
Nishisato, S. (1978). Optimal scaling of paired comparison and rank order data : an alternative to Guttman's formulation. *Psychometrika*, **43**, 263-271.
Nishisato, S. (1980 a). *Analysis of Categorical Data : Dual Scaling and Its Applications*. Toronto : University of Toronto Press.
西里静彦 (1982). 質的データの数量化：双対尺度法とその応用. 朝倉書店
Nishisato, S. (1984 a). Forced classification : A simple application of a quantification technique. *Psychometrika*, **49**, 25-36.
Nishisato, S. (1986 a). Generalized forced classification for quantifying categorical data. In Diday, E. et al. (Eds.), *Data Analysis and Informatics*. Amsterdam : North-Holland, 351-362.
Nishisato, S. (1988 c). Effects of coding on dual scaling. A paper presented at the Annual Meeting of the Psychometric Society, University of California, Los

Angeles.
Nishisato, S. (1993). On quantifying different types of categorical data. *Psychometrika*, **58**, 617-629.
Nishisato, S. (1994). *Elements of Dual Scaling : An Introduction to Practical Data Analysis.* Hilsdale, N. J.: Lawrence Erlbaum Associates.
Nishisato, S. (1996). Gleaning in the field of dual scaling *Psychometrika*, **61**, 559-599.
Nishisato, S. (2005 b). Interpretation of data in multidimensional space. Paper presented at the 70 th Annual Meeting of the Psychometric Society, Tilburg.
Nishisato, S. (2006). Correlational structure of multiple-choice data as viewed from dual scaling. In M. J. Greenacre & J. Blasius (Eds.), *Multiple Correspondence Analysis and Related Methods.* Boca Raton: Chapman & Hall/CRC, 161-177.
Nishisato, S. (2007 a). *Multidimensional Nonlinear Descriptive Analysis.* Boca Raton: Chapman and Hall/CRC.
西里静彦 (2007 b). データ解析への洞察：数量化の存在理由．関西学院大学出版会
Nishisato, S. & Baba, Y. (1999). On contingency, projection and forced classification of dual scaling. *Behaviormetrika*, **26**, 207-219.
Nishisato, S. & Clavel, J. G. (2002). A note on between-set distances in dual scaling and correspondence analysis. *Behaviormetrika*, **30**, 87-98.
Nishisato, S. & Clavel, J. G. (2010) Total information analysis: Comprehensive dual scaling. *Behaviormetrika*, **37**, 15-32.
Nishisato, S. & Inukai, Y. (1972). Partially optimal scaling of items with ordered categories. *Japanese Psychological Research*, **14**, 109-119.
Nishisato, S. & Nishisato, I. (1984). *An Introduction to Dual Scaling.* Toronto: MicroStats.
Nishisato, S. & Nishisato, I. (1994). *Dual Scaling in a Nutshell.* Toronto: MicroStats.
大隈 昇・ルバール・モリノー・ウォーウィック・馬場康維 (1994). 多変量記述的統計解析．日科技連
Orlóci, L (1978). *Multivariate Analysis in Vegitations Research.* 2 nd ed. The Hague: Junk.
Pearson, K. (1901). On lines and planes of closest fit to systems of points in space. *Philosophical Magazines and Journal of Science*, **6**, 2, 559-572.
Pearson, K. (1904). Mathematical contribution to the theory of evolution. XIII. On the theory of contingency and its relation to association and normal correlation. *Drapers' Company Research Memoires, Biometric Series*, **1**, 1-35.
Perreault, W. & Young, F. W. (1980). Alternating least squares optimal scaling:

analysis of nonmetric data in marketing research. *Journal of Marketing Research*, **17**, 1-13.

Ramensky, L. G. (1930). Zür Methoder der vegleichenden und Ordnung von Pfanzenlisten und anderen Objecten, die durch mehrere, verschiedenartig Wirkende Factoren bestimmt werden. *Beitr. Biol. Pft.*, **18**, 269-304.

Richardson, M. & Kuder, G. F. (1933). Making a rating scale that measures. *Personnel Journal*, **12**, 36-40.

Rouanet, H. & Le Roux, B. (1993). *Analyse des Données Multidimensionelles*. Paris : Dunod.

Rowe, J. S. (1956). Uses of undergrowth plant species in forestry. *Ecology*, **37**, 461-473.

斎藤尭幸 (1980). 多次元尺度法. 朝倉書店

Saporta, G. (1975). Liaisons entre plusieurs ensembles de variables et codage de donées qualitatives. Doctoral Thesis, L'Université Piérre et Marie Curie, Paris VI, France.

Saporta, G. (1979). *Theories et Méthodes de la Statistique*. Paris : Dunod.

Saporta, G. (1990). *Probabilités, Analyse des Données et Statistique*. Paris : Technip.

Schmidt, E. (1907). Zür Theorie der linearen und nichtlinearen Integral- gleichungen. Esster Teil. Entwickelung willkürlicher Functionen nach Systemaen vorgeschriebener (On theory of linear and nonlinear integral equations. Part one. Development of arbitrary functions according to prescribed systems). *Mathematische Annalen*, **63**, 433-476.

Siciliano, R., Mooijaart, A. & van der Heijden, P. G. M. (1990). Non-symmetric correspondence analysis by maximum likelihood. Technical Report PRM 05-90. Leiden University.

Singh, S. (1997). *Fermat's Enigma : The Epic Quest to Sove the World's Greatest Mathematical Problem*. New York : Walker and Company.

Slater, P. (1960). Analysis of personal preferences. *British Journal of Statistical Psychology*, **3**, 119-135.

Stebbins, C. L. (1950). *Variation and Evolution*. New York : Columbia Unversity Press.

Stevens, S. S. (1951). Mathematics, measurement and psychophysics. In S. S. Stevens (ed.), *Handbook of Experimental Psychology*. New York : Wiley.

高根芳夫 (1980 a). 多次元尺度法. 東京大学出版会

Takane, Y. (1980 b). Analysis of categorizing behavior. *Behaviormetrika*, **8**, 75-86.

Takane, Y., Young, F. W. & de Leeuw, J. (1980). An individual differences additive model : an alternating least squares method with optimal scaling

features. *sychometrika*, **45**, 183-209.
竹内 啓・柳井晴男 (1972). 多変量解析の基礎. 東洋経済新報社
Tanaka, Y. (1978). Some generalized method of optimal scaling and their asymptotic theories : the case of multiple responses-multiple factors. *Annals of Institute ofStatistical Mathematics*, **30**, 329-348.
田中 豊 (1983). Sensitivity analysis in the methods of quantification. *Mathematical Sciences* No.245, 32-37 (in Japanese).
Tanaka, Y. (1984 a). Sensitivity analysis in Hayashi's third method of quantification. *Behaviormetrika*, **16**, 31-44.
田中 豊 (1984 b). Sensitivity analysis for quantification theory and its applications. *Quality*, **24**, 337-345. (in Japanese).
田中 豊 (1992). Sensitivity analysis in multivariate methods. 行動計量学, **19**, 3-17.
Tanaka, Y. & Kodake, K. (1980). Computational aspects of optimal scaling for ordered categories. *Behaviormetrika*, **7**, 35-46.
Tanaka, Y. & Tarumi, T. (1985). Computational aspect of sensitivity analysis in multivariate methods. Technical Report No.12, Okayama Statisticians Group.
Tanaka, Y. & Tarumi, T. (1988 a). Sensitivity analysis in Hayashi's second method of quantification. *Journal of Japanese Statistical Society*, **16**, 37-57.
Tanaka, Y. & Tarumi, T. (1988 b). Outliers and influential observations in quantification theory. In Diday, E. et al. (Eds.), *Recent Developments in Clustering and Data Analysis*. London : Academic Press, 281-293.
Tanaka, Y. & Tarumi, T. (1988 c). Sensitivity of the geometrical representation obtained by correspondence analysis to small changes of data. In Das Gupta, S. & Ghosh, J. K. (Eds.), *Advances in Multivariate Statistical Analysis*. Indian Statistical Institute, 499-511.
Tarumi, T. (1986). Sensitivity analysis of descriptive multivariate methods formulated by the generalized singular value decomposition. *Math. Japon.*, **31**, 957-977.
Tarumi, T. & Tanaka, Y. (1986). Statistical software SAM - Sensitivity analysis in multivariate methods. *COMSTAT*, 351-356.
Tchuproff, A. A. (1925). *Grundbegriffe und Grund Problem der Korrelationstheorie*. Leipzig : Teubner.
Tenenhaus, M. (1994). *Méthodes Statistiques en Gestion*. Paris : Dunod.
Tenenhaus, M. & Young, F. W. (1985). An analysis and synthesis of multiple correspondence analysis, optimal scaling, dual scaling, homogeneity analysis and other methods for quantifying categorical data. *Psychometrika*, **50**, 91-119.
Ter Braak, C. J. F. (1986). Canonical correspondence analysis : a new eigenvector

technique for multivariate direct gradient analysis. *Ecology*, **67**, 1167-1179.
Ter Braak, C. J. F. (1987). Ordination. In Jongman, R. H. G., Ter Braak, C. J. F. & Van Tongeren, C. F. R. (Eds.), *Data Analysis in Community and Landscape Ecology* Wageningen : Pudoc, 91-173.
Ter Braak, C. J. F. (1988). Partial canonical correspondence analysis. In Bock, H. H. (Ed.), *Classification and Related Methods of Data Analysis*. Amsterdam : North-Holland, 551-558.
Thurstone, L. L. & Chave, E. J. (1929). *The Measurement of Attitude*. Chicago : University of Chicago Press.
Torgerson, W. S. (1958). *Theory and Methods of Scaling*. New York : Wiley.
Torres-Lacomba, A. & Greenacre, M. J. (2002). Dual scaling and correspondence analysis of preferences, paired comparisons and ratings. *International Journal of Research in Marketing*, **19**, 401-405.
Tsujitani, M. (1987). Maximum likelihood methods for association models in ordered categorical data. *Behaviormetrika*, **22**, 61-67.
Tsujitani, M. (1988 a). Optimal scaling for association models when category scores have a natural ordering. *Statistics and Probability Letters*, **6**, 175-180.
Tsujitani, M. (1988 b). Maximum likelihood methods for association models in ordered categorical data : multi-way case. *Behaviormetrika*, **23**, 85-91.
Tucker, L. R. (1960). Intra-individual and inter-individual multidimensionality. In Gulliksen, H. & Messick, S. (Eds.), *Psychological Scaling*. New York : Wiley.
Underhill, L. G. (1990). The coefficient of variation biplot. *Journal of Classification*, **7**, 41-56.
van Buuren, S. (1990). *Optimal Scaling of Time Series*. Leiden University : DSWO Press.
van de Geer, J. P. (1993). *Multivariate Analysis of Categorical Data : Applications*. Newbury Park : Sage Publications.
van de Velden, M. (2000). Dual scaling and correspondence analysis of rank order data. In Heijmans, R. D. H., Pollock, D. S. G. & Satorra, G. (Eds.), *Innovations in ultivariate Statistical Analysis*. Dordrecht : Kluwer Academic Publishers.
van der Burg, E. (1988). *Nonlinear Canonical Correlation and Some Related Techniques*. Leiden University : DSWO Press.
van der Heijden, P. G. M. (1987). *Correspondence Analysis of Longitudinal Categorical Data*. Leiden University : DSWO Press.
van der Heijden, P. G. M., de Falgruerolles, A., & de Leeuw, J. (1989). A combined approach to contingency table analysis with correspondence analysis and log-linear analysis (with discussion). *Applied Statistics*, **38**, 249-292.
van der Heijden, P. G. M. & de Leeuw, J. (1985). Correspondence analysis used

complimentary to loglinear analysis. *Psychometrika,* **50**, 429-447.
van Os, B. J. (2000). *Dynamic Programming for Partitioning in Multivariate Data Analysis.* Leiden: Universal Press.
van Rijckevorsel, J. (1987). *The Application of Fuzzy Coding and Horseshoes in Multiple Correspondence Analysis.* University of Leiden: DSWO Press.
van Rijckevorsel, J. & de Leeuw, J. (1988). *Component and Correspondence Analysis : Dimension Reduction by Functional Approximation.* New York: Wiley.
Verboon, P. (1994). *A Robust Approach to Nonlinear Multivariate Analysis.* Leiden University: DSWO Press.
Weller, J. C. & Romney, A. K. (1990). *Metric Scaling : Correspondence Analysis* Newbury: Sage Publications.
Wiley, D. E. (1967). Latent partition analysis. *Psychometrika,* **32**, 183-194.
Whittaker, R. H. (1948). A vegetation analysis of the Great Smoky Mountains. Ph. D. thesis, University of Illinois.
Whittaker, R. H. (1966). Forest dimensions and production in the Great Smoky Mountains. *Ecology,* **47**, 103-121.
Whittaker, R. H. (1967). Gradient analysis of vegetation. *Biological Review,* **42**, 206-264.
Whittaker, R. H. (1978 a). Direct gradient analysis. In Whittaker, R. H. (Ed.), *Ordination of Plant Community.* The Hague: Junk, 7-50.
Whittaker, R. H. (Ed.), (1978 b). *Ordination of Plant Community.* The Hague: Junk.
Whittaker, J. (1989). Discussion of : A combined approach to contingency table analysis using correspondence analysis and log-linear analysis" by van der Heijden, P. G. M. Falguerolles, A. & de Leeuw, J. *Applied Statistics,* **38**, 278-279.
Wilks, S. S. (1938). Weighting system for linear function of correlated variables when there is no dependent variable. *Psychometrika,* **3**, 23-40.
Williams, E. J. (1952). Use of scores for the analysis of association in contingency tables. *Biometrika,* **39**, 274-289.
Yanai, H. & Maeda, T. (2002). Partial multiple correspondence analysis. In Nishisato, S., Baba, Y., Bozdogan, K. & Kanefuji, K. (Eds.), *Measurement and Multivariate Analysis.* Tokyo: Springer, 57-68.
吉沢 正 (1975). Models for quantification techniques in multiple contingency tables: the theoretical approach. 行動計量学, **3**, 1-11. (in Japanese).
吉沢 正 (1976). A generalized definition of interaction and singular value decomposition of multiway arrays. 行動計量学, **4**, 32-43. (in Japanese).

引用文献

Young, F. W., de Leeuw, J. & Takane, Y. (1976). Regression with qualitative and quantitative variables: an alternating least squares method with optimal scaling features. *Psychometrika*, **41**, 505-529.

Young, F. W., Takane, Y. & de Leeuw, J. (1978). The principal components of mixed measurement level multivariate data: an alternating least squares method with optimal scaling features. *Psychometrika*, **43**, 279-281.

Young, G. & Householder, A. S. (1938). Discussion of a set of points in terms of their mutual distances. *Psyhcometrika*, **3**, 19-22.

参 考 文 献

足立浩平 (2000). A random effect model in metric multidimensional unfolding. *Japanese Journal of Behaviormetrics*, **27**, 12-23. (in Japanese).
足立浩平 (2004 a). Correct classification rates in multiple correspondence analysis. *Journal of Japanese Society of Computational Statistics*, **17**, 1-20.
Adachi, K. (2004 b). Multiple correspondence spline analysis for graphically representing nonlinear relations between variables. *COMSTAT* Symposium, 589-596.
Andrews, D. (1972). Plots of high-dimensional data. *Biometrics*, **28**, 125-136.
Bock, R. D. & Jones, L. V. (1968). *Measurement and Prediction of Judgment and Choice*. San Francisco: Holden-Day.
Carroll, J. D., Green, P. E. & Schaffer, C. (1986). Interpoint distance comparisons in correspondence analysis. *Journal of Marketing Research*, **23**, 271-280.
Carroll, J. D., Green, P. E. & Schaffer, C. M. (1987). Comparing interpoint distances in correspondence analysis: A clarification. *Journal of Marketing Research*, **24**, 445-450.
Carroll, J. D., Green, P. E. & Schaffer, C. M. (1989). Reply to Greenacre's commentary on the Carroll-Green-Schaffer scaling of two-way correspondence analysis solutions. *Journal of Marketing Research*, **26**, 366-368.
de Leeuw, J., Heiser, Meulman, J. & Critchley, F. (Eds.), (1987). *Multidimensional data analysis*. Leiden University: DSWO Press.
Finney, D. J. (1947). *Probit Analysis*. Cambridge: Cambridge University Press.
Gauch, H. G., Chase, G. G. & Whittaker, R. H. (1974). Ordination of vegetation samples by Gaussian species distribution. *Ecology*, **55**, 1382-1390.
Gauch, H. G., Whittaker, R. H. & Singer, S. B. (1981). A comparative study of nonparametric ordinations. *Journal of Ecology*, **69**, 135-152.
Gauch, H. G., Whittaker, R. H. & Wentworth, T. R. (1977). A comparative study of reciprocal averaging and other ordination techniques. *Journal of Ecology*, **65**, 157-174.
Gibson, L. L. (1993). An investigation of the generalized forced classification procedure and its application to diminishing outlier effects. Master Thesis, University of Toronto.

Greenacre, M. J. (1989). The Carroll-Green-Schaffer scaling in correspondence analysis: A theoretical and empirical appraisal. *Journal of Marketing Research*, **26**, 358-365.

Greenacre, M. J. (2000). Correspondence analysis of square asymmetric matrices. *Applied Statistics*, **49**, 297-310.

Hand, D. J. (2004). *Measurement Theory and Practice : The World of Quantification*. London: Arnold.

Hill, M. O. & Gauch, H. G. (1980). Detrended correspondence analysis: an improved ordination technique. *Vegetatio*, **42**, 47-58.

Lehmann, D. & Hurlbert, J. (1972). Are three-point scales always good enough? *Journal of Marketing Research*, **9**, 444-446.

前田忠彦 (1996). Analysis of structured two-way tables and partial correspondenceanalysis. Institute of Statistical Mathematics Research Report 86 "Project on Structural Analysis of Multivariate Qualitative Data." 52-59 (in Japanese).

前田忠彦 (1997). Several features of partial correspondence analysis and its applications. Institute of Statistical Mathematics Research Report 100. "Project on Structural Analysis of Multivariate Qualitative Data." 81-89.

Michailidis, G. & de Leeuw, J. (1998). The Gifi system of descriptive multivariate analysis. *Statistical Science*, **13**, 307-336.

Mucha, H. J. (2002). An intelligent clustering technique based on dual scaling. In Nishisato, S., Baba, Y., Bozdogan, H. & Kanefuji, K. (Eds.), *Measurement and Multivariate Analysis*. Tokyo: Springer, 37-46.

Nishisato, S. (1980 b). Dual scaling of successive categories data. *Japanese Psychological Research*, **22**, 134-143.

Nishisato, S. (1984 b). Dual scaling by reciprocal medians. *Estratto Dagli Atti della XXXII Riunione Scientifica*. Sorrento, 141-147.

Nishisato, S. (1986 b). Multidimensional analysis of successive categories. In de Leeuw., J., Heiser, W., Meulman, J., & Critchley, F. (Eds.), *Multidimensional Data Analysis*. Leiden: DSWO Press, 249-250.

Nishisato, S. (1986 c). *Quantification of Categorical Data : A Bibliography* 1975-1986. Toronto: MicroStats.

Nishisato, S. (1987). Robust techniques for quantifying categorical data. In MacNeil, I. B. & Umphrey, G. J. (Eds.), *Foundations of Statistical Inference*. Dordrecht: D. Reidel Publishing Company, 209-217.

Nishisato, S. (1988 a). Forced classification procedure of dual scaling: its mathematical properties. In Bock, H. H. (Ed.), *Classification and Related Methods*. Amsterdam: North-Holland, 523-532.

Nishisato, S. (1988 b). Market segmentation by dual scaling through generalized forced classification. In Gaul, W. & Schader, M. (Eds.), *Data, Expert Knowledge and Decisions*. Berlin: Springer-Verlag, 268-278.

Nishisato, S. (1991). Standardizing multidimensional space for dual scaling. In the *Proceedings of the 20 th Annual Meeting of the German Operations Research Society*. Hohenheim University, 584-591.

Nishisato, S. (2000). Data analysis and information: Beyond the current practice of data analysis. Decker, R. & Gaul, W. (Eds.), *Classification and Information Processing at the Turn of the Millennium*, Heidelberg: Springer-Verlag, 40-51.

Nishisato, S. (2000). A characterization of ordinal data. In Gaul, W., Opitz, O. & Schader, M. (Eds.), *Data Analysis ; Scientific Modeling and Practical Applications*. Heidelberg: Springer-Verlag, 285-298.

Nishisato, S. (2003). Geometric perspectives of dual scaling for assessment of information in data. In Yanai, H., Okada, A., Shigemasu, K., Kano, Y. & Meulman, J. J. (Eds.), *New Developments in Psychometrics*. Springer-Verlag, 453-462.

Nishisato, S. (2003). Total information in multivariate data from dual scaling perspectives. The *Alberta Journal of Educational Research*, XLIX, 244-251.

Nishisato, S. (2005 a). On the scaling of ordinal measurement: a dual scaling perspective. In Maydeu-Olivares, A. Mayedeu-Olivares, A. & McArdle, J. J. McArdle, J. J. (Eds.), *Contemporary Psychometrics*. Mahwah: Lawrence Erlbaum, 479-507.

Nishisato, S. & Ahn, H. (1995). When not to analyze data: Decision making on missing responses in dual scaling. *Annals of Operations Research*, **55**, 361-378.

Nishisato, S. & Lawrence, D. R. (1989). Dual scaling of multiway data matrices: several variants. In Coppi, R. & Bolasco, S. (Eds.), *Multiway Data Analysis*. Amsterdam: Elsevier Science Publishers, 317-326.

Nishisato, S. & Sheu, W. J. (1980). Piecewise method of reciprocal averages for dual scaling of multiple-choice data. *Psychometrika*, **45**, 467-478.

Nishisato, S. & Sheu, W. J. (1984). A note on dual scaling of successive categories data *Psychometrika*, **49**, 493-500.

Odondi, M. J. (1997). Multidimensional analysis of successive categories (rating) data by dual scaling. Doctoral thesis, University of Toronto.

Rao, C. R. (1995 a). A review of canonical coordinates and an alternative in correspondence analysis using Hellinger distance. *Qüestiió*, **19**, 23-63.

Rao, C. R. (1995). The use of Hellinger distance in graphical display of contingency table data. *NTProSta* 3, **3**, 143-161.

Sachs, J. (1994). Robust dual scaling weights with Tukey's biweight. *Applied Psychological Measurement*, **18**, 301-309.

Takane, Y. (1981). Multidimensional successive categories scaling: a maximum likelihood method. *Psychometrika*, **46**, 9-28.

Takane, Y., Yanai, H. & Mayekawa, S. (1991). Relationships among several methods of linearly constrained correspondence analysis. *Psychometrika*, **56**, 667-684.

Tenenhaus, M. (1982). Multiple correspondence analysis and duality schema: a synthesis of different approaches. *Metron*, XL, 289-302.

Tsujitani, M., Tsujitani, M. & Koch, G. G. (1988). Loglinear models approach to the analysis of association in multiway cross-classifications having ordered categories. *Reports of Statistical Application Research, JUSE*, **35**, 1-10.

van Buuren, S. & van Rijckevorsel, J. L. A. (1992). Imputation of missing categorical data by maximizing internal consistency. *Psychometrika*, **57**, 567-580.

山田文康 (1996). Dual scaling for data with many missing responses. 行動計量学, **23**, 95-103.

山田文康・西里静彦 (1993). Several mathematical properties of dual scaling as applied to dichotomous item category data. 行動計量学, **20**, 56-63.

Yanai, H. (1986). Some generalizations of correspondence analysis in terms of Projection operators. In Diday, E. L. et al. (Eds.), Data Analysis and Informatics IV. Amsterdam: North-Holland, 193-207.

Yanai, H. (1988). Partial correspondence analysis and its properties. In Hayashi, C., Jambu, M., Diday, E. & Ohsumi, N. (Eds.), *Recent Developments in Clustering and Data Analysis*. Boston: Academic Press, 259-266.

柳井晴夫 (1992). 多変量データ解析法. 朝倉書店.

吉沢 正 (1977). Structure of multiway data and population spaces. Doctoral Thesis, Tokyo University.

Young, F. W. (1981). Quantitative analysis of qualitative data. *Psychometrika*, **46**, 357-388.

る
索　引

あ　行

アンドリューズ曲線　136
一対比較データ　80
イプサティヴデータ　8
インシデンスデータ　79
エッカートとヤングの定理　160

か　行

カイ 2 乗　39
加算得点法　164
間隔測度　3
基準項目　113
基準変数　113
行空間と列空間の隔たり　128
強制分類法　111
行と列の独立性　28
距離行列　136
クラスター解析　136
クラメール連関係数　147
クレッチマーの気質体型論　27
クロンバックのアルファ　53
継次カテゴリーデータ　80
k 平均法　136
計量心理学会　160
原点　36
　　——のない連続測度　3
　　——をもつ連続測度　4

ケンドール-スチュアートの正準相関　146
交互平均法　30, 163
合成得点　14
勾配法　162
項目 j と総点との相関の 2 乗 (r_{jt}^2)　57
項目 j の平方和 (SS_j)　56
固有値　34
　　——の平均値　56
コレスポンデンスアナリシス　25

さ　行

最適尺度法　25
最適統計量　16
射影座標　62
射影された重み　37
主軸座標　37
主成分　14
主成分分析法　12
順位測度　2
順位データ　80
情報量　34
信頼性係数　53
数量化　6
スティーヴンスの測度理論　2
正規化された重み　37
正規相関　12
整合性の原理　139

成分の総数　38
セット間の距離　133
線形回帰　6
全情報解析　134
相関の2乗値　52
相関比　34
相関模型　171
総情報量　39
双対尺度法　16
相対的重要性　119
双対の関係　46

た　行

対称グラフ法　64
多次元非線形記述解析　159
多肢選択データ　49
多変量記述解析　159
単位　36
チュプロフ連関係数　147
適切得点法　165
等価分割の原理　112
統計量デルタ　39
同時線形回帰法　164
同質性解析法　25
特異値　34
ドミナンス数　83
ドミナンスデータ　79

な　行

内的整合性信頼性係数　66
内的整合性の原理　113
西里の ν　149
2変数線形構造式　38

は　行

林の数量化理論　i
汎強制分類法　125
反応パターン　66
ピアソンの相関係数　11
非推移反応　100
非線形の関係　18
非線形変換　21
標準座標　37
比率測度　3
フレンチプロット　64
分割表　27
分散分析法　143
分類データ　70
偏最適尺度法　171
ホテリングの正準相関　146

ま　行

無意味な解　83
名義測度　2

や　行

ヤング-ハウスホールダーの定理　160

ら　行

リッカート得点　10
リッカート法　9
累積デルタ　43
連関模型　171

著者略歴

西 里 静 彦 (Ph. D.)
にし さと しず ひこ

1959年　北海道大学文学部実験心理学科卒業
1961年　北海道大学大学院文学研究科修士課程修了
1961-65年　米国ノースカロライナ大学大学院に留学
1966-67年　カナダマッギル大学心理学部, 精神医学部
　　　　　　研究員
1967年　カナダトロント大学, オンタリオ教育大学院大学
　　　　　　(OISE)助教授
1972-76年　OISE 測定評価学部長
1969年　同　准教授
1975年　同　教授
2000年　トロント大学名誉教授　現在に至る
　　　　　行動計量学会名誉会員,
　　　　　アメリカ統計学会フェロー

主要著訳書

応用心理尺度構成法（誠信書房, 1975）
質的データの数量化（朝倉書店, 1982）
脳の機能と行動（共訳, 福村出版, 1986）
データ解析への洞察（関西学院大学出版会, 2007）
Analysis of Categoricai Data
　　　　　　　(University of Toronto Press, 1980)
Elements of Dual Scaling
　　　　　　　(Lawrence Erlbaum Associates, 1994)
Measurement and Multivariate Analysis
　　　　　　　(監修, Springer-Verlag, 2002)
Multidimensional Nonlinear Descriptive Analysis
　　　　　　　(Chapman & Hall/CRC, 2007)

Ⓒ 西里静彦 2010
2010年7月15日　初版発行

行動科学のためのデータ解析
情報把握に適した方法の利用

著　者　西里静彦
発行者　山本　格

発行所　株式会社　培風館
東京都千代田区九段南4-3-12・郵便番号102-8260
電話(03)3262-5256(代表)・振替00140-7-44725

中央印刷・牧 製本

PRINTED IN JAPAN

ISBN 978-4-563-05218-8　C3011